VILLAGE FOREST LANDSCAPES

村镇森林景观

许景伟 主编

山东科学技术出版社
·济南·

图书在版编目（CIP）数据

村镇森林景观 / 许景伟主编. -- 济南：山东科学技术出版社，2022.6
　ISBN 978-7-5723-1219-9

　Ⅰ. ①村… Ⅱ. ①许… Ⅲ. ①乡镇—森林景观—研究 Ⅳ. ①S718.5

中国版本图书馆CIP数据核字（2022）第061765号

村镇森林景观
CUNZHEN SENLIN JINGGUAN

责任编辑：孙雅臻　庞晓峰
装帧设计：侯　宇

主管单位：	山东出版传媒股份有限公司
出 版 者：	山东科学技术出版社
	地址：济南市市中区舜耕路517号
	邮编：250003　电话：（0531）82098088
	网址：www.lkj.com.cn
	电子邮件：sdkj@sdcbcm.com
发 行 者：	山东科学技术出版社
	地址：济南市市中区舜耕路517号
	邮编：250003　电话：（0531）82098067
印 刷 者：	济南继东彩艺印刷有限公司
	地址：济南市二环西路11666号
	邮编：250022　电话：（0531）87160055

规格：16开（185 mm×260 mm）
印张：18.5　　　字数：300千
版次：2022年6月第1版　印次：2022年6月第1次印刷
定价：96.00元

《村镇森林景观》编委会

主　　编　许景伟

副 主 编　囤兴建　胡丁猛　王清华　程鸿雁

编写人员　李传荣　高　鹏　李宗泰　蔡春菊

　　　　　　庄若楠　李　萍　张刘东　邵　飞

　　　　　　朱九军　魏　娟　陈　迪　陈　勇

前言

村镇森林景观是村镇生态环境建设、发展地方社会经济的主要物质基础，其建设与发展对村镇的整体布局、景观特色、文化内涵、产业发展有着至关重要的影响，是创建"宜居、宜业、宜游、宜文"的优美人居环境的重要保障，也是促进乡村振兴、城乡一体化发展的重要举措。

所谓村镇森林景观，是指在镇村行政区域范围内，以森林植被为主体，与村庄、道路、水岸、农田、林地等多种土地单元镶嵌组成的，具有明显视觉和功能特征，并兼具经济、生态和美学价值的地理实体。它不仅为人们提供食物、用材等林副产品，而且还提供丰富的休闲娱乐、观光游憩的资源和活动场所。近年来，随着我国农村经济发展和生活水平提高，人们的生活方式发生根本性转变，在追求物质生活条件的同时，也在逐渐改善精神生活风貌。特别是随着城镇化速度加快，广大民众对秀美山川的渴望、对生态环境建设的关注已经达到了前所未有的高度，森林景观与普通百姓的生活质量和幸福感受的距离越来越近，已成为村镇精神文明建设的重要载体。

我国农村地域辽阔，地形复杂，土地类型多样，形成村镇森林景观类型千差万别，不同类型的森林景观，其结构、特征、功能和演变规律均存在差异。尽管有些学者对村镇森林景观类型开展了一些探索性的研究工作，但由于研究起步较晚，尚未形成完整的理论和技术体系，在生产上存在其类型概念模糊、划分不科学，名称不规范等问题，影响和制约了村镇森林景观的建设和发展。为此，作者依托国家"十二五"科技支撑计划"村镇景观防护林人工构建技术研究"（2011BAD38B0302）、国家林业公益性行业科研专项"美丽城镇森林景观构建技术研究与示范"（201404301）等科研项目的研究成果，在分析和总结村镇森林景观建

设的先进技术和生产经验基础上，以山东典型村镇为例，重点从庭院、道路、环村、水岸、游憩、农田等六方面介绍了村镇森林景观类型，并采用图文并茂形式，实例分析其树种组成、群落结构和配置方式等技术要点。同时，把古树名木景观、立体绿化景观也编入本书，力求全面、系统和准确地体现村镇森林景观类型和特征，使本书更具有系统性、知识性和专业性。

本书为一部技术性专著，可帮助林业、园林工作者更加直观地认识村镇森林景观的生态、观赏和文化价值，掌握其建设配套技术，从而进行科学营建、有效保护和合理利用；可为从事村镇规划、景观设计、园林施工等方面的科技工作者借鉴和参考，对山东乃至全国村镇森林景观和美丽乡村建设均具有重要指导作用。

村镇森林景观是一种特殊景观类型，是景观生态学发展的一个新兴的研究领域。本书很多研究思路和技术内容还是一项新的探索，其研究成果尚需在生产实践中不断接受检验，其方法和技术也需不断予以修正和完善，以便更好地为村镇森林景观建设服务。

由于作者学识水平有限，书中疏漏、不妥及甚至错误之处在所难免，恳请同行和广大读者批评指正。

作者
2022年4月

目 录

第一章　庭院森林景观	1
第一节　概述	1
第二节　居住附属绿地	3
第三节　单位附属绿地	32
第四节　园林街道绿地	50
第五节　公共绿地	60

第二章　道路森林景观	73
第一节　概述	73
第二节　主干道路绿地	75
第三节　次干道路绿地	83
第四节　园林道路绿地	92

第三章　环村森林景观	99
第一节　概述	99
第二节　生产绿地	101
第三节　防护绿地	110
第四节　园林绿地	121

第四章　水岸森林景观	131
第一节　概述	131
第二节　河流绿地	133

　　第三节　库塘绿地 ······ 142

　　第四节　沟渠绿地 ······ 151

第五章　游憩森林景观 ······ 158

　　第一节　概述 ······ 158

　　第二节　生态旅游绿地 ······ 161

　　第三节　生态风景绿地 ······ 184

　　第四节　生态保护绿地 ······ 203

第六章　农田森林景观 ······ 213

　　第一节　概述 ······ 213

　　第二节　农田林网 ······ 215

　　第三节　农林间作 ······ 219

　　第四节　梯田地堰 ······ 221

第七章　古树名木景观 ······ 223

　　第一节　概述 ······ 223

　　第二节　古老树木 ······ 225

　　第三节　名贵树木 ······ 235

第八章　立体绿化景观 ······ 272

　　第一节　概述 ······ 272

　　第二节　墙面绿化 ······ 272

　　第三节　棚架绿化 ······ 275

　　第四节　栅栏绿化 ······ 279

　　第五节　坡面绿化 ······ 281

参考文献 ······ 285

第一章 庭院森林景观

第一节 概述

庭院森林景观是指分布和附属于村庄内,以改善和美化居住环境为主要功能的不公开或半公开性的森林景观,是村镇绿化的重要组成部分,也是村镇生态文明建设的重要内容。它不仅反映村镇的地方特色和文化内涵,从某种程度上还反映地区的经济发展水平和居民的文化素养。

庭院森林景观建设主要是利用村旁、宅旁、街旁、水旁等隙地进行植树种草,全面提高庭院的林木覆盖率。由于各个地区、各个农户的经济状况、自然条件及庭院占地面积的不同,庭院森林景观类型有很大差异。不管采用哪种景观类型,都要与周围的环境协调一致,与住宅风格和风俗习惯浑然一体,突出地方的经济条件和文化特色,营造出宜人的居住环境。

一、庭院森林景观功能

庭院森林景观具有良好的绿化环境功能,可吸引居民在户外活动,使老人、少年儿童各得其所,能够在就近的绿地中游憩活动和休闲观赏,进行社会交往,有利于人们身心健康,增进居民间的互相了解、和睦相处。

庭院森林景观的高大树木在净化空气、减少尘埃、降低噪音和保护环境方面有良好的作用,具有森林康养功能,有利于人的身体健康,提高居民的生活质量。

庭院森林景观不仅绿化美化了庭院环境,还可以获得美味的果实,形成农家生产生活特色景观,为居民带来更多的创收途径,为乡村发展开辟新的经济增长点。

利用盆栽花卉装扮庭院森林景观,既可改善美化空间,装点生活环境,又能净化心灵,陶冶情操。同时,良好的户外环境条件,还能使人赏心悦目,精神振奋,

增进身心健康。

庭院森林景观也是反映居民的文化素质、体现村镇文明程度和精神面貌的标志，对发展村镇经济、引进外资、吸引人才、开发资源、服务于对外开放、改善村容村貌等方面具有重要作用。

二、庭院森林景观建设原则

1. 生态效益原则

庭院森林景观是村镇生态建设的重要组成部分，只有充分利用庭院森林景观的生态效益，才能达到村镇生态效益最大化。庭院森林景观的配置既要合理利用乡土植物，又要发挥有限土地资源生态价值，注重植物配置的多样性，重视生态环境的稳定性，营造一个有利于庭院景观发展的生态系统。

2. 地方特色原则

山东自然条件复杂，地形地貌差异较大，土壤类型较多，庭院森林景观营造时要充分考虑当地立地条件特点，因地制宜、合理布置绿化树种。同时，要尊重地区的民俗习惯和传统文化，突出当地的乡土特色。

3. 美化环境原则

庭院森林景观营造的主要目的是绿化美化环境，为村镇居民营造一个环境优美、生活舒适的绿色空间。庭院森林景观的营造要注重多树种、多要素的统一平衡，将景观小品、建筑景观、植物绿地等有机结合，在符合住宅风格的基础上，营造出有节奏韵律的自然景观，使居住环境与大自然更加亲近和谐。

4. 经济效益原则

庭院森林景观营造要以节约成本为出发点，景观要素选择要优先考虑造林和养护成本较低的绿化树种。在营造时，尽量精致、简洁、耐久且管理便捷，以较少的投入成本获得较大效益。例如，可以将庭院水体与鱼类养殖和蓄水灌溉结合，选择既有观赏性又有经济效益的树种进行庭院绿化，在增加经济收入的同时，提高休闲娱乐的景观效果，推动村镇旅游业的发展。

5. 满足功能需求原则

村镇居民大都以从事农业生产活动为主，所以庭院森林景观不仅是农民生活和休闲的重要场所，而且也是从事农业生产和经营活动的场所。村镇庭院森林景观的营造，在改善生活环境的同时，要在功能上满足农民生产活动的需求，即要在功能需求上服务于村民，又要满足居民生产和生活多种景观需要。

三、庭院森林景观营建树种

山东的立地条件差异较大，不同地区、不同地貌类型和居民的种植习惯不同，庭院森林景观树种的选择差异较大。

乔木树种：毛白杨、柳树、国槐、泡桐、悬铃木、白蜡、栾树、银杏、五角枫、柿树、榆树、臭椿、苦楝、香椿、榉树、楸树、乌桕、雪松、白皮松、黄连木、朴树、水杉、桧柏、枫杨等。

经济树种：樱桃、杏、枣、桃、石榴、核桃、山楂、板栗、苹果、柿树、无花果、梨等。

花灌木树种：海棠、白玉兰、丁香、紫叶李、紫薇、连翘、榆叶梅、樱花、金银木、木槿、紫荆、月季、蔷薇、石榴、竹等。

常绿树种：大叶女贞、大叶黄杨、海桐、珊瑚树、耐冬、石楠、广玉兰、竹类等。

藤本树种：凌霄、扶芳藤、爬山虎、紫藤、常春藤、葡萄等。

四、庭院森林景观类型划分

这里所说的庭院是指广义上的庭院，从地理区域上涵盖村镇建成区的整个区域，既包括村镇建成区内的居住区、企事业单位的房前屋后、小游园、街道等绿地，也包括新型社区绿化的附属绿地。由于各个地区、各个农户的经济条件、自然条件及庭院状况有差异，庭院森林景观类型多种多样，各具特色。按照地理位置和用地属性，本书将庭院森林景观划分为居住附属绿地、单位附属绿地、园林街道绿地、公共绿地4种景观类型组和19种景观类型。根据其主导功能和绿化特点，分别将居住附属绿地划分为林果经济型、园林小品型、自然绿化型、花卉盆景型、环境保护型、"农家乐"型、低层住宅型、多层住宅型8种庭院森林景观类型；单位附属绿地划分为村镇驻地型、学校校园型、医院绿地型、工厂企业型、工业园区型5种庭院森林景观类型；园林街道绿地划分为"一板二带"式、"二板三带"式、"三板四带"式3种庭院森林景观类型；公共绿地划分为小游园型、休闲广场型、街头隙地型3种庭院森林景观类型。

第二节 居住附属绿地

居住附属绿地是指在镇（村）规划中确定的居住用地范围内的绿地，包括居住区、居住小区以及村镇规划中零散居住用地内的绿地。居住附属绿地的森林景

观按居住环境条件可划分为居民住宅森林景观和新型社区森林景观两大类。

一、居民住宅森林景观

居民住宅森林景观是在居民宅院内外隙地上营造的以树木为主体的森林景观，可为居民创造优美、清新的生活环境，是居住区绿化的基本单元。居民住宅森林景观因其住宅类型、住宅平面布置以及经济条件的不同而异。根据庭院绿化方式和主导功能不同，居民住宅森林景观又分为林果经济型、园林小品型、自然绿化型、花卉盆景型、环境保护型和"农家乐"型6种森林景观类型。

1. 林果经济型

一般村镇居民住宅森林景观多为此种类型。此类森林景观的典型特征是以村镇常见的时令经济林果树木为主，以生产各类经济林果品为主要目的。常见栽培树种以梨、石榴、桃、葡萄、山楂、樱桃等为主；乔木树种有毛白杨、柳树、国槐、泡桐、悬铃木、榆树等，林木多植于房前屋后或路旁。但单元个体种植数量不多，乔木树种每户3～5株，灌木树种每户6～10株，这样既有较好的绿化、观赏效果，又可产生较好的经济效益。典型实例见图1-1。

景观名称：林果经济型居住绿地庭院森林景观（1）

技术要点：在居民住宅周围或房前种植果树，树种以山楂、板栗为主，采用不规则式栽植，多树种自然配置。目的是提供自用的经济林果产品。

景观名称： 林果经济型居住绿地庭院森林景观（2）

技术要点： 在居民住宅院外或周围种植果树，树种以柿树为主，株距 4~5 m，单行规则式栽植。既增加经济收入，又达到绿化美化的目的。

景观名称： 林果经济型居住绿地庭院森林景观（3）

技术要点： 在居民住宅院外或周围种植果树，树种以桃树为主，不规则式栽植。既增加经济收入，又达到绿化美化的目的。

景观名称：林果经济型居住绿地庭院森林景观（4）

技术要点：在居民住宅院内外，树种以柿树、葡萄为主，因地制宜栽植。既增加经济收入，又达到绿化美化的目的。

图 1-1　林果经济型居住绿地庭院森林景观

2. 园林小品型

园林小品型森林景观是以园林上常用的花架、廊亭为主要造园形式，具有尺寸小巧、实用简明、立体复合的特点。架、廊多选用凌霄、月季等垂直绿化树种，有的还配套建有汀步、铺地。建筑小品常建于院落的左庭，大多出现在院落硬质化程度高、绿化种植面积有限的居民住宅庭院内。此类森林景观所占比例虽不多，但它是庭院绿化的有效补充和点缀，是山东省经济发达地区村镇庭院绿化的高档形式，具有重要的示范作用。引种栽培以灌木、草本为主的花灌木，或地栽、或造型盆栽，既可四季观叶、观花、观果，自得其乐，又可出售部分花木和盆景获取收益，还可建造各式花廊或花架，发展树桩盆景、山石盆景等，增添审美情趣。典型实例见图 1-2。

景观名称：园林小品型居住绿地庭院森林景观（1）

技术要点：在居民住宅庭院内外，以柿树和樱花等小乔木树种为主，灌木树种为石楠、大叶黄杨等，孤植、丛植，或乔、灌混交，近自然合理配置。目的是增加绿化和美化效果。

景观名称：园林小品型居住绿地庭院森林景观（2）

技术要点：在居民住宅庭院内外，以竹、花灌木树种为主，采用列植、丛植等方式，近自然配置。增加绿化和美化效果。

景观名称：园林小品型居住绿地庭院森林景观（3）

技术要点：在居民住宅庭院内外，以乔木、花灌木及藤本树种为主，采用近自然配置方式。增加庭院绿化和美化的空间效果。

景观名称：园林小品型居住绿地庭院森林景观（4）

技术要点：在居民住宅庭院内外，以国槐、石榴、月季树种为主，采用块状和条状等方式，近自然配置。提升绿化效果和增加美化空间。

景观名称： 园林小品型居住绿地庭院森林景观（5）

技术要点： 在居民住宅庭院外，树种以月季、小叶黄杨为主，采用块状和条状树池栽植等方式。增加绿化效果和提高美化空间。

景观名称： 园林小品型居住绿地庭院森林景观（6）

技术要点： 利用住宅庭院内外及院墙空间，树种以国槐、月季、凌霄为主，采用近自然和立体配置方式。增加绿化美化空间效果。

景观名称：园林小品型居住绿地庭院森林景观（7）

技术要点：在居民住宅庭院内外，树种以国槐、月季为主，采用块状和条状等栽植方式，增加绿化效果和提高美化空间。

图1-2　园林小品型居住绿地庭院森林景观

3. 自然绿化型

自然绿化型庭院森林景观位于绿化用地面积较大、较宽阔的居民住宅庭院里，选择的树种主要考虑景观和生态效益，兼顾经济效益，以高大乔木为主，灌木为辅，采用组团式、群丛式和多树种结合的空间绿化方式。例如，厨房附近宜种植可吸附油烟及灰尘的刺槐、泡桐、杨树等，厕所及猪厩附近宜种植榆树、国槐，厅房附近宜种植柿树、石榴、海棠、月季等。同时，要注意树形高矮搭配，屋后宜种植枝干较小的树种，也可间种几株果树。林木稀少、用材缺乏或气候、土壤等条件较恶劣、经济基础薄弱地区的农户可选择这种配置模式。优先栽培适宜的乔木树种，可以多树种搭配、常绿和落叶树种搭配。典型实例见图1-3。

景观名称：自然绿化型居住绿地庭院森林景观（1）

技术要点：适合绿化用地面积较小的庭院，乔木以柿树为主，采用孤植方式栽植；灌木以月季为主，采用丛植方式，配置盆景花卉，形成乔、灌木近自然配置景观。

景观名称：自然绿化型居住绿地庭院森林景观（2）

技术要点：在居民住宅庭院内外，以构树、核桃、爬山虎等树种为主，采用近自然配置方式。增加绿化效果和提高美化空间。

景观名称：自然绿化型居住绿地庭院森林景观（3）

技术要点：庭院绿化用地面积较大，以高大柿树、龙抓槐等乔木为主，花灌木为辅，采用不规则式栽植，乔、灌木近自然配置。增加绿化覆盖率和观赏性。

景观名称：自然绿化型居住绿地庭院森林景观（4）

技术要点：在居民住宅庭院外，以国槐、榆树、泡桐树种为主，采用不规则方式近自然配置。增加绿化效果和提高美化空间。

景观名称： 自然绿化型居住绿地庭院森林景观（5）

技术要点： 在居民住宅庭院内，以柿、石榴等乔木为主，配置紫荆、贴梗海棠等花灌木，近自然配置。增加绿化效果和提高美化空间。

景观名称： 自然绿化型居住绿地庭院森林景观（6）

技术要点： 在街道两侧行列式栽植紫薇，宅院门口栽植月季等，路面上建立棚架式葡萄架，既可采摘果品，又可遮阴乘凉。是偏远村庄的一种常见庭院绿化景观模式。

图1-3　自然绿化型居住绿地庭院森林景观

4. 花卉盆景型

花卉盆景型庭院森林景观主要种植常见的观叶、观花、观果等小乔木和花灌木，或露地栽培，或配置树桩盆景、山石盆景等，既可四季观叶、观花、观果，又可出售获取收益。常见的栽培植物种类有石榴、鸡爪槭、红叶李、杏梅、木槿、石楠、月季、火棘等。绿篱植物主要有黄杨、冬青、小叶女贞、小蜡、连翘等。可设置斜面花台，扩大盆景摆放面积。有条件的农户可营建花棚或小型温室，进而可发展成以树桩盆景、山石盆景等为主的小型花圃。典型实例见图1-4。

景观名称：花卉盆景型居住绿地庭院森林景观（1）

技术要点：在庭院外，栽植乔木树种柿树，配置淡竹、松树盆景，形成简洁、大方的庭院景观，适用于山区村庄庭院空间绿化。

景观名称：花卉盆景型居住绿地庭院森林景观（2）

技术要点：适合绿化用地面积较大的庭院，充分利用空间摆放树木观赏盆景，常见的植物种类有鸡爪槭、石楠、月季、石榴、火棘等。主要目的是观叶、观花、观果等。

景观名称：花卉盆景型居住绿地庭院森林景观（3）

技术要点：在街道两侧行列式栽植紫薇、樱花等树种，宅院门口配置低矮的丁香和蜀葵等花卉植物。既可绿化美化，又可遮阴乘凉，是偏远村庄的一种常见庭院绿化景观模式。

景观名称：花卉盆景型居住绿地庭院森林景观（4）

技术要点：在居民住宅庭院内，采用多层花架形式摆放观赏植物盆景，周围栽植小乔木或花灌木树种。充分利用绿化空间增加绿化覆盖率和提高庭院观赏性。

景观名称：花卉盆景型居住绿地庭院森林景观（5）

技术要点：在居民住宅庭院内，建立树池盆景栽植或摆放观赏植物，周围栽植小乔木或花灌木树种。充分利用绿化空间增加绿化覆盖率和提高庭院观赏性。

景观名称：花卉盆景型居住绿地庭院森林景观（6）

技术要点：在居民住宅庭院内，采用围墙、平台和花架形式摆放观赏植物盆景。提高庭院绿化覆盖率和提高观赏性。

景观名称：花卉盆景型居住绿地庭院森林景观（7）

技术要点：在地面硬化程度较高庭院内，采用花架形式摆放观赏植物盆景，墙边行列式栽植竹类，形成绿篱式围墙。提升庭院绿化空间和观赏性。

图 1-4　花卉盆景型居住绿地庭院森林景观

5. 环境保护型

环境保护型庭院森林景观营造强调植物的生态效益，具有防污治污、改善居住环境的效果。主要选择栽植吸收有害气体、吸滞粉尘、削减噪音等生态环保效应高的树种，如杨树、柳树、侧柏、悬铃木、蜀桧、银杏、国槐、大叶女贞等，最大限度地减轻环境污染对人体的危害。以自然式丛植或群植配置为主，适当密植，体现植物群体的环境保护功能，主要针对粉尘、气体、交通等污染相对严重的、距污染源较近的居民住宅区域。典型实例见图1-5。

景观名称：环境保护型居住绿地庭院森林景观（1）

技术要点：在居民住宅周围，采取群植或丛植的方式栽植杨树、柳树、国槐等乡土树种，形成乔、灌、草混交森林景观。改善居住的生态环境，增强其环境保护功能。

景观名称：环境保护型居住绿地庭院森林景观（2）

技术要点：在居民住宅周围或房前院后，栽植具有防污治污功能的树种，以自然式群植或孤植配置为主。改善居住的生态环境，减轻环境污染对人体的危害。

景观名称：环境保护型居住绿地庭院森林景观（3）

技术要点：在居民住宅周围，采取群植或丛植的方式，栽植泡桐、国槐、柳树等乡土树种，形成多树种混交森林景观。改善居住的生态环境，增强其环境保护功能。

景观名称：环境保护型居住绿地庭院森林景观（4）

技术要点：在居民住宅庭院内外，采取群植或丛植的方式栽植以杨树为主的高大乔木树种，形成乔木森林景观。改善居住的生态环境，增强其环境保护功能。

景观名称：环境保护型居住绿地庭院森林景观（5）

技术要点：在居民住宅周围，近自然栽植杨树、国槐、柳树等乡土树种，形成乔、灌、草混交森林景观。改善居住的生态环境，增强其环境保护功能。

景观名称：环境保护型居住绿地庭院森林景观（6）

技术要点：在居民住宅周围，采取群植或丛植的方式栽植大叶女贞、国槐、榉树、淡竹等树种，形成乔、灌、草混交森林景观。改善居住的生态环境，增强其环境保护功能。

图1-5　环境保护型居住绿地庭院森林景观

6. "农家乐"型

"农家乐"型庭院森林景观以获取经济效益为主要目的，兼顾生态、景观效益，是一种以农民家庭、乡村环境和农业生产为依托，以田园风光、自然景色、农业旅游资源、地方民俗文化和别有情趣的农家生活等为特色，供游人休闲度假、观光娱乐、健康体验的一种庭院森林景观类型。一般借助农户固有的自然资源，如果园、树林、菜地、水旁等空间，经过合理改造和提升，创造优美的森林景观环境，再通过极富特色的项目来吸引游客。按照功能，该型森林景观可以划分为生态餐饮型、观光采摘型、休闲度假型、科普教育型、农家园林型、文化体验型等多种形式，多分布在城区近郊及景区附近的居民住宅。典型实例见图1-6。

景观名称："农家乐"型居住绿地庭院森林景观（1）

技术要点：利用居民住宅附近的核桃园，为游人提供休闲度假、观光娱乐、生态餐饮等环境条件，以获取经济效益为主要目的。

景观名称: "农家乐"型居住绿地庭院森林景观(2)

技术要点: 利用居民住宅附近的桃园,为游人提供休闲度假、观光娱乐、采摘体验和生态餐饮条件。既可创造优美的生活环境,又能增加经济收入。

景观名称: "农家乐"型居住绿地庭院森林景观(3)

技术要点: 利用居民住宅庭院的空闲隙地,栽植月季、蔷薇等花灌木树种,为游人提供休闲度假、餐饮娱乐等生态空间。既可创造优美的生活环境,又能增加经济收入。

景观名称："农家乐"型居住绿地庭院森林景观（4）

技术要点：在山丘区居民住宅周围，不规则式栽植柳树、杨树、榆树等树种，利用树木的遮阴和降温等功能，为游人提供休闲度假、观光娱乐、生态餐饮等环境条件。

景观名称："农家乐"型居住绿地庭院森林景观（5）

技术要点：在山丘区居民住宅周围，不规则式栽植柳树、杨树、核桃等树种，利用树木的遮阴和降温等功能，为游人提供休闲娱乐、生态餐饮等环境条件。

图1-6　"农家乐"型居住绿地庭院森林景观

二、新型社区森林景观

新型社区森林景观是"合村并居"新型社区绿化环境建设的重要组成部分，对改变农村整体面貌、改善农村人居环境、提高农民生活质量有着举足轻重的作用。各地新型社区的背景与地域的差异，决定了新型社区的绿化有着区别于城市绿化的诸多特点。由于认识上出现的偏差，导致不少地区在发展经济的同时，农村传统自然景观和人文景观遭到破坏。因此，通过新型社区的绿化建设，探索富有地域特色、满足新型社区居民生活习惯与心理特点的绿化景观和模式，努力构建环境优美、生态良好的新型社区森林景观，对于重新构建新型农村良好的景观系统与生态环境有着重要的现实意义。

1. 低层住宅型

按照《民用建筑设计统一标准》（GB 50352—2019）的分类方法，低层住宅小区是指建筑层数为 1~3 层的住宅小区。低层住宅与较低的村镇经济发展水平相适应，多存在于城市郊区和经济条件比较优越的小城镇。低层住宅的特点是层数少、上下联系方便，平面布置紧凑，组合灵活，在景观绿化方面既能适应标准较高的要求，又能适应标准较低的居住情况。典型实例见图1-7。

景观名称：低层住宅型居住绿地庭院森林景观（1）

技术要点：在居住小区庭院内，以石榴、月季、蔷薇等树种为主，采用多树种有机结合的配置方式；院外栽植高大的悬铃木等树种，配有灌、藤花木。既可绿化美化，又可观花、观果。

景观名称： 低层住宅型居住绿地庭院森林景观（2）

技术要点： 在居民住宅庭院外，以石榴、玉兰、金银木等小乔木和花灌木为主，采用多树种组团式配置，是庭院绿化的有效补充和点缀。院内用灌、藤花木点缀和美化。

景观名称： 低层住宅型居住绿地庭院森林景观（3）

技术要点： 居民住宅院内面积较小，采用凌霄、海棠等灌木、藤木植物点缀；院外栽植樱花、淡竹等园林绿化树种，组团式配置。既可绿化美化，又可观花、观果。

景观名称：低层住宅型居住绿地庭院森林景观（4）

技术要点：在居民住宅庭院内外，以广玉兰、石榴、桂花等树种为主，采用乔、灌、藤多层配置方式，并与园林小品有机结合，提升庭院绿化品质。

景观名称：低层住宅型居住绿地庭院森林景观（5）

技术要点：适于住宅庭院较小或硬质化程度较高的庭院。在院墙外采用石楠、桂花等树种行列式配置，绿篱采用小龙柏和蔷薇植物配置，是庭院绿化美化的有效补充。

景观名称：低层住宅型居住绿地庭院森林景观（6）

技术要点：乔木树种以龙柏、黑松、紫叶李为主，灌木树种以大叶黄杨、小叶女贞、紫薇为主，采用不规则式配置方式；绿篱树种以小龙柏为主。适合条件较好的社区庭院绿化。

图 1-7　低层住宅型居住绿地庭院森林景观

2. 多层住宅型

按照《民用建筑设计统一标准》（GB 50352—2019）的分类方法，多层住宅小区是指为 4～6 层的住宅小区。多层住宅小区在环境创造上有突出优势，可大大减少建筑占地面积，增大绿化空间。居民从楼上可俯视地面、观看景物；也可在户外参与休闲、健身和照看儿童等活动，使人感到亲切而不失舒展，结合总体环境可创造出更宜人的居住绿色空间。

多层住宅小区庭院绿化也称为社区公园，其森林景观是社区居民休息、游览、锻炼身体和社会交往的活动场所；其布局与小型综合性公园相似，内容比较丰富，设施比较齐全，有功能分区和景观区划，除了花草树木外，有一定比例的园林小品、活动场地、活动设施。多层住宅小区内的游人主要是本社区的居民，游园时间多在一早一晚，夏季的晚上是游园高峰。因此，在小区内庭院森林景观营造时，林下应配置照明设施、休息座椅及夜香植物的布置。典型实例见图 1-8。

景观名称： 多层住宅型居住绿地庭院森林景观（1）

技术要点： 造林树种为槭树、元宝枫、火炬树、樱花、石榴、柳树等，小灌木树种以小叶女贞、小叶黄杨为主，采用不规则式配置方式，形成近自然的配置模式。

景观名称： 多层住宅型居住绿地庭院森林景观（2）

技术要点： 乔木树种以柳树、悬铃木为主，灌木树种以紫薇、樱花、石榴、月季为主，绿篱树种以小叶女贞、紫叶小檗为主，采用不规则式配置方式，并配置健身器材等。

景观名称：多层住宅型居住绿地庭院森林景观（3）

技术要点：乔木树种以国槐、栾树为主，灌木树种以紫薇、樱花、石榴为主，绿篱树种以大叶黄杨为主，采用多层次、不规则方式配置植物景观，并配有健身器材等，形成休闲游园和广场。

景观名称：多层住宅型居住绿地庭院森林景观（4）

技术要点：乔木树种以白蜡、朴树、大叶女贞为主，灌木树种以石榴、紫薇为主，绿篱树种以小叶黄杨为主，采用乔、灌、草复层配置方式，并配有园林小品等。

景观名称：多层住宅型居住绿地庭院森林景观（5）

技术要点：乔木树种以国槐、白蜡等为主，灌木树种以紫薇、樱花、海棠为主，绿篱树种以小龙柏为主，采用多层次、不规则方式配置，形成视角开阔的休闲广场景观。

景观名称：多层住宅型居住绿地庭院森林景观（6）

技术要点：采用针、阔叶树种混交和乔、灌、花、草混交等方式，多层次、不规则方式配置植物景观，并配有步道、健身器材等，形成休闲娱乐型的游园和广场。

景观名称：多层住宅型居住绿地庭院森林景观（7）

技术要点：乔木树种以槭树、大叶女贞、银杏为主，灌木树种以金银木、樱花、石楠为主，绿篱树种以大叶黄杨为主，采用多层次、不规则方式配置植物景观，形成园林式庭院森林景观。

景观名称：多层住宅型居住绿地庭院森林景观（8）

技术要点：乔木树种以朴树、梓树为主，灌木树种以红叶石楠、大叶黄杨为主，绿篱树种以瓜子黄杨、大叶黄杨和紫叶小檗为主，形成复层结构的配置模式。

图1-8 多层住宅型居住绿地庭院森林景观

第三节　单位附属绿地

单位附属绿地是指在某一单位或部门内，由该单位或部门投资、营造、管理和使用的绿地。单位附属绿地的服务对象主要是本单位的员工，一般不对外开放，因此单位附属绿地也称为专用绿地。常见的单位附属绿地主要包括村镇、学校、医院、工厂企业、工业园区等单位内部的附属绿地，这些绿地在丰富人们的工作、生活和改善村镇生态环境等方面起着重要的作用。

一、村镇驻地型

村镇驻地是联系政府与群众之间的桥梁和纽带。附属绿地在植物配置上不仅要反映村镇政府职能部门的庄重大方，同时还要形成人们活动的场所，体现政府的亲和性。这类景观多以规则配置与自然配置相结合，在主要行政区域前形成规则、开阔的植物配置景观。结合其他部分绿地，可以适当配置花灌木，形成植物景观带，适当软化和拉近政府与居民的距离感。

村镇驻地型单位绿地庭院森林景观以前庭绿化为主，入口处采取规则式布局，对植常绿观赏性乔木树种或设计花坛。办公楼与绿地衔接处可栽植绿篱、花篱或灌木树种；办公区院落四周设置绿化带，前庭绿地中设置假山、喷泉、雕塑和小品。植物配置方面，按照以乔木为主，乔、灌、花、草合理配置的原则，形成多层次、多色彩的优美办公环境。典型实例见图1-9。

景观名称：村镇驻地型单位绿地庭院森林景观（1）

技术要点：乔木树种以悬铃木、雪松、樱花、柳树为主，灌木树种以紫薇、龙爪槐为主；花坛图案配有紫叶小檗、小叶黄杨和金叶女贞等树种。配有健身器材等设施，具有多功能和简洁大方的绿化特点。

景观名称： 村镇驻地型单位绿地庭院森林景观（2）

技术要点： 乔木树种以水杉、雪松、杨树为主，灌木树种以红叶石楠、紫薇为主；花坛的地被植物为矮牵牛等。多种配置模式结合，具有绿化简洁、大方的特点。

景观名称： 村镇驻地型单位绿地庭院森林景观（3）

技术要点： 乔木树种以悬铃木、柳树、紫叶李为主，灌木树种以月季、小叶女贞、石榴为主；水塘边配置虞美人、鸢尾、蜀葵等草本花卉。采用不规则的栽植和配置方式。

景观名称：村镇驻地型单位绿地庭院森林景观（4）

技术要点：乔木树种以国槐、黑松、樱花、雪松等为主，灌木树种以紫薇、大叶黄杨、石楠等为主；园路一侧栽植竹类；草坪以草坪草为主。形成近自然的庭院景观。

景观名称：村镇驻地型单位绿地庭院森林景观（5）

技术要点：乔木树种以朴树、合欢、龙柏为主，灌木树种有紫荆、金叶女贞、月季、丁香等；园路两侧绿篱树种以大叶黄杨为主。形成休闲观赏兼顾的庭院景观。

景观名称：村镇驻地型单位绿地庭院森林景观（6）

技术要点：乔木树种以核桃、龙柏、桧柏、樱花为主，灌木树种以紫薇为主；绿篱树种以大叶黄杨为主。采用规则式栽植方式，形成复层结构的庭院景观。

景观名称：村镇驻地型单位绿地庭院森林景观（7）

技术要点：乔木树种以朴树、国槐、樱花为主；灌木树种以金银木、紫薇为主；绿篱树种以大叶黄杨为主。采用规则式栽植方式，形成复层结构的庭院景观。

景观名称：村镇驻地型单位绿地庭院森林景观（8）

技术要点：乔木树种以杨树为主，灌木树种以桃树为主。采用不规则式栽植方式，形成生态、经济兼顾的庭院景观。

图1-9　村镇驻地型单位绿地庭院森林景观

二、学校校园型

校园是学校精神、学术和文化的物质载体，良好的校园环境是一部立体、多彩、富有吸引力的教科书，具有独特的感染力、约束力，有利于陶冶学生的情操，净化学生的心灵。校园绿化应体现学校特点和校园文化特色，形成充满生机和活力的现代校园环境。

学校校园型单位绿地庭院森林景观的主要作用是创造安静、清洁、卫生的学习环境，其布置形式应与建筑物协调，并方便通行。学校绿化，一般在教学楼的东西两侧栽植大乔木，以防日晒；教学楼前宜栽植较矮小的灌木，以保证教室内通风、采光；学校入口及建筑物门厅前可设花坛、草坪；校园内道路两侧栽植高大乔木用于庇荫；学校周围可栽植成行乔木或绿篱。选用的树种应适应性强、容易管护，并力求丰富多彩。典型实例见图1-10。

景观名称：学校校园型单位绿地庭院森林景观（1）

技术要点：乔木树种以雪松、桧柏、杨树为主，灌木树种以紫薇、鸡爪槭、樱花为主，采用孤植和群植配置方式。草地为冷季型草坪，形成疏林草地配置模式的庭院景观。

景观名称：学校校园型单位绿地庭院森林景观（2）

技术要点：乔木树种以流苏为主，灌木树种以石楠为主；草地为冷季型草坪。采用规则式栽植方式，形成复层结构的庭院景观。

景观名称：学校校园型单位绿地庭院森林景观（3）

技术要点：乔木树种以水杉、雪松、桧柏为主，灌木树种以丁香、金银木、樱花为主，采用孤植和群植配置方式。草地以冷季型草坪为主，形成疏林草地配置模式景观。

景观名称：学校校园型单位绿地庭院森林景观（4）

技术要点：乔木树种以雪松、水杉为主，采用不规则式栽植方式。草地以冷季型草坪为主，形成疏林草地型配置的庭院景观防护林。

图 1-10　学校校园型单位绿地庭院森林景观

三、医院绿地型

医院绿化的目的是卫生防护隔离、阻滞烟尘、减弱噪声，创造一个幽静的绿化环境，以利于病人尽快恢复身体健康。据测定，在绿色的环境中，人的体表温度可降低1~2.2℃，脉搏平均每分钟减缓4~8次，呼吸均匀，血流舒缓，紧张的神经系统得以松弛，对高血压、神经衰弱等能起到间接的治疗作用。

医院绿地型单位绿地庭院森林景观中，门诊区人流集中，需有较大面积的场地，场地周边作适当的绿化、美化布置；房屋前以花灌木为主，可设绿篱；道路旁栽植高大乔木遮阴。住院疗养区常在病房南向布置较大面积的绿地，一般可设花坛、草坪、树丛及水池、山石，有适当的活动场地及棚架、座椅等，供病人观赏及室外活动用。面积大的绿地可布置成自然式的花园，有地形的起伏和曲折的园路，设置更丰富的园林绿化内容。医院的后勤服务区周围应有较高大、茂密的树木作隔离带，服务用地内可设一定面积的花圃及温室。典型实例见图1-11。

景观名称：医院绿地型单位绿地庭院森林景观（1）

技术要点：乔木树种以黑松、悬铃木、元宝枫为主，采用群植或组团式栽植。园路两侧绿篱树种采用小龙柏，形成规整、简洁、大方的庭院景观。

景观名称：医院绿地型单位绿地庭院森林景观（2）

技术要点：乔木树种为石榴，灌木树种以紫薇、鸡爪槭、大叶黄杨为主，采用不规则栽植方式；沿院墙采用竹类行列式栽植，绿篱树种以大叶黄杨为主，形成规则式绿化布局。

景观名称：医院绿地型单位绿地庭院森林景观（3）

技术要点：乔木树种以悬铃木、紫叶李、元宝枫为主，采用群植或组团式栽植。绿篱树种以小龙柏为主配置，形成规整、简洁、大方的庭院景观。

景观名称：医院绿地型单位绿地庭院森林景观（4）

技术要点：乔木树种以柳树、悬铃木为主，灌木树种以紫薇、樱花、石榴、小叶女贞、龙柏为主，采用不规则配置方式。地被植物以草坪草、剑兰为主。

图1-11　医院绿地型单位绿地庭院森林景观

四、工厂企业型

工厂企业型单位绿地庭院森林景观是指在工厂企业用地内营建的以木本植物为主体的森林景观。该森林景观应采取多种形式增加庭院绿地面积，充分发挥绿地的卫生防护和美化环境的作用。根据工厂企业内绿地各组成部分的功能与特点，分别进行绿化景观配置与设计。典型实例见图1-12。

1. 厂前区景观绿化

厂前区的绿化布置要美观、整齐，与建筑的形体、色彩相协调，并要方便交通。在厂门到主要建筑之间的广场上，可布置花坛、喷泉、体现本厂特点的雕塑等。如厂前区离工厂的入口较远，可布置林荫大道；建筑物周围也要搞好绿化。厂前区绿化要搭配好冠大荫浓的遮阴树、常绿乔灌木及色彩鲜艳的花灌木。

2. 生产区景观绿化

生产车间周围的景观绿化，要能创造有利于生产的环境条件，防止或减轻车间污染物对外界的不良影响，并提供职工短暂休息的用地。一般在车间南向和东西向布置高大的落叶乔木，以利于夏季遮阴、冬季采光；北向布置常绿和落叶乔木，以阻挡冬季寒风；车间的出入口可布置花坛。生产车间的性质不同，其周围的景观绿化特点和设计要求也不同。如精密仪器及医药车间，对空气质量要求高，应选用无飞絮、不易掉叶的树木,并铺设大块草坪进行景观绿化;化工、粉尘、噪声车间,其周围的景观绿化应有利于稀释毒气、吸附粉尘、减弱噪声,应分别选择适宜的抗污染树种;生产区景观绿化要注意处理好树木与地上构筑物和地下管线的关系。

3. 厂内小游园景观绿化

场地面积较大的工厂应开辟小游园,供职工休息、观赏和开展文化娱乐活动。小游园的位置应在污染较轻、职工活动较频繁的地段。以观赏花木为主,配合园路、水池、假山及建筑小品,布置精良,小巧玲珑,体现厂容厂貌等特点。

4. 仓库区景观绿化

为方便装卸运输,仓库区的景观绿化布置宜简洁,以稀疏栽植乔木为主,选择病虫害少,树干高大、通直、不易燃树种,树木的间距以7~10 m为宜。在仓库周围留出5~7 m宽的空地,作消防通道。

5. 厂内道路景观绿化

工厂内的道路景观绿化以栽植高大、整齐的乔木为主,宽的道路可配合一些灌木。要处理好树木配置与道路以及地上、地下管线的关系。

6. 工厂防护林带景观

工厂周围应营造一定宽度的防护林带景观,根据需要还可设置两条至数条林带。防护林带能减轻风沙的吹袭及邻近工厂所产生的有害气体污染,创造有利于生产的环境条件;又可吸收、滞留厂区内产生的有害气体、粉尘向周围扩散。防护林带景观应栽植高大、强健、枝叶茂密、抗污染能力强的树种,林带结构以乔、灌木混交的紧密结构或疏透结构为宜。

景观名称:工厂企业型单位绿地庭院森林景观(1)

技术要点:乔木树种以国槐、毛白杨为主,灌木树种以海棠、石楠为主。采用群植或组团式栽植,形成乔、灌、草复层配置结构的庭院景观。

景观名称：工厂企业型单位绿地庭院森林景观（2）

技术要点：乔木树种以柳树、板栗为主，灌木树种以无花果为主。采用群植或组团式栽植，形成乔、灌复层配置结构的庭院森林景观。

景观名称：工厂企业型单位绿地庭院森林景观（3）

技术要点：树种以五叶地锦为主，沿院墙根不规则栽植，形成不同形式的立体绿化。院内采用绿篱和花坛式配置，形成院内、院外绿化结合的庭院森林景观。

景观名称：工厂企业型单位绿地庭院森林景观（4）

技术要点：乔木树种以流苏、白皮松、构树为主，灌木树种以石榴、海棠、石楠为主。采用孤植或群植方式栽植，形成乔、灌、草复层配置结构的庭院景观。

景观名称：工厂企业型单位绿地庭院森林景观（5）

技术要点：乔木树种以柳树、国槐、悬铃木为主，灌木树种以樱花、石榴为主。采用群植或组团式栽植，形成乔、灌、草复层配置结构的庭院景观。

景观名称：工厂企业型单位绿地庭院森林景观（6）

技术要点：乔木树种以栾树、元宝枫为主，灌木树种以紫薇、石楠为主。采用群植或组团式栽植，形成乔、灌、草复层配置结构的庭院景观。

景观名称：工厂企业型单位绿地庭院森林景观（7）

技术要点：乔木树种以悬铃木为主，行列式栽植；图案式花坛采用紫叶小檗、小叶黄杨和金叶女贞等绿篱树种组合与配置。空闲隙地配置健身器材等设施。

景观名称：工厂企业型单位绿地庭院森林景观（8）

技术要点：主路两侧栽植悬铃木，绿化带内采用不规则方式栽植雪松、黄连木等；林下配置草坪。形成不规则式配置的庭院景观。

图1-12 工厂企业型单位绿地庭院森林景观

五、工业园区型

工业园区型单位绿地庭院森林景观是在工业园区内，以生产车间周围为重点，营造以环境保护、绿化美化为目的的庭院森林景观，将直接影响工人身体健康和产品质量。生产性质和卫生要求不同的车间，对环境绿化的要求有所不同。一般来说，散发有害物质的车间附近切忌乔、灌木混交形成浓郁的屏障；产生二氧化硫的车间周围应多栽植柳树、杨树、臭椿、榆树、刺槐等；噪声严重的车间周围宜选择树冠矮、分枝低、枝叶繁茂的灌木与小乔木，形成疏松的树群，以降低噪声的强度；易发生火灾的车间和仓库周围，在规定的防火间距内不宜种植易燃树种。厂前区绿地以规则式布局为主，与周围建筑物相互协调，设计成花园或游园，以花、草、树木组合为主。厂区内部道路应对称设计，距地下管线1.5 m以上，道路两旁采用乔、灌、花、草合理搭配，以不影响视线为准。厂区四周设以乔木为主的森林景观带，一般设计紧密结构林带，宽度不宜太大。车间四周在绿化植物的选择上，以具有抗污染、降噪防尘、净化空气的乔木树种为主，以花灌木树种为辅，乔、灌、草相结合，营造多层次、立体防护森林景观。在有污染且高温的车间四周应采用多层、密植方法栽植抗污染、高大乔木树种，如杨树、柳树、悬铃木等。同时还应注意常绿和落叶树种相结合、速生和慢生树种相结合的原则，以达到季相性的景观效果和近、远期绿化的需要。通常而言，乡镇企业的绿化面积大、管理人员少，所以景观绿化时还应选择便于管理的乡土树种和价格低廉、补植容易的树种。典型实例见图4-13。

景观名称：工业园区型单位绿地庭院森林景观（1）

技术要点：乔木树种以悬铃木为主，行列式栽植；图案式花坛采用紫叶小檗、金叶女贞和小叶黄杨等树种组合搭配；绿篱树种以小龙柏为主。空闲隙地配置健身器材等设施。

景观名称：工业园区型单位绿地庭院森林景观（2）

技术要点：乔木树种以五角枫、榉树主，孤植或群植，灌木树种以小叶女贞、小叶黄杨为主，与多种地被植物不规则搭配，形成乔、灌、草立体配置的庭院森林景观。

景观名称：工业园区型单位绿地庭院森林景观（3）

技术要点：乔木树种以悬铃木、柳树、大叶女贞为主，采用孤植和行列式栽植的配置方式。配有竹林丛植景观，草地以冷季型草坪为主，形成疏林草地型庭院景观。

景观名称：工业园区型单位绿地庭院森林景观（4）

技术要点：乔木树种以五角枫、榉树为主，孤植或群植；灌木树种以小叶女贞、小叶黄杨为主，与多种地被植物不规则搭配。形成乔、灌、草立体配置的庭院森林景观。

景观名称：工业园区型单位绿地庭院森林景观（5）

技术要点：乔木树种为流苏、杏树，采用孤植和行列式栽植的配置方式；灌木树种为石榴、石楠；地被植物以鸢尾、一串红为主。形成乔、灌、草复层庭院景观。

景观名称：工业园区型单位绿地庭院森林景观（6）

技术要点：乔木树种为国槐、黑松和龙柏，灌木树种以丁香、樱花、紫薇为主，绿篱树种以小龙柏、大叶黄杨为主。采用不规则方式栽植，形成复层林庭院景观。

图1-13 工业园区型单位绿地庭院森林景观

第四节 园林街道绿地

园林街道绿地庭院森林景观，是村镇驻地绿化的骨架，应根据道路的宽窄进行统一规划。一般栽植树种以杨树、柳树、悬铃木、国槐、臭椿、苦楝、银杏等乔木为主，株、行间可适当配置耐阴的花灌木。园林街道绿地森林景观带的宽度要根据实际情况因地制宜地进行绿化配置。一般绿化带窄的可种1~2行行道树，绿化带宽的可种3~5行，或布置成花园式的林荫道的形式。园林街道绿地森林景观主要分为"一板二带"式、"二板三带"式和"三板四带"式的景观配置模式。

一、"一板二带"式

"一板二带"式园林街道绿地森林景观是村镇街道最常见的森林景观类型，是以建设园林景观为主。在街道两侧各设一条绿化带，以毛白杨、悬铃木等高大乔木树种作为行道树，配合桧柏、女贞等常绿小乔木和花灌木树种。街道绿化采用点、块、丛、带等生态园林绿化栽植方法，乔、灌、花、草、藤合理配置，形成多层次、多色彩园林街道绿地森林景观带。典型实例见图1-14。

景观名称："一板二带"式街道绿地庭院森林景观（1）

技术要点：街道绿化两侧，行列式栽植樱花，绿化带内采用不规则方式栽植小叶女贞、月季等花灌木。绿篱以小龙柏为主，形成规则式配置模式的街道绿地庭院森林景观。

景观名称："一板二带"式街道绿地庭院森林景观（2）

技术要点：街道绿地两侧，栽植高大的乔木树种悬铃木，株距3~4 m，采用行列式的配置方式，灌木树种为圆柏球，绿篱树种为大叶黄杨。形成乔、灌、草复层配置的街道绿地庭院森林景观。

景观名称："一板二带"式街道绿地庭院森林景观（3）

技术要点：街道绿地两侧，栽植高大的乔木树种水杉，株距3~4 m，采用行列式的配置方式，形成简洁、高雅的街道绿地庭院森林景观。

景观名称:"一板二带"式街道绿地庭院森林景观(4)

技术要点:街道绿地两侧,行列式栽植乔木树种苦楝,株距 3~4 m,形成规则式配置模式的街道绿地庭院森林景观。

景观名称:"一板二带"式街道绿地庭院森林景观(5)

技术要点:街道绿地两侧,行列式栽植乔木树种悬铃木,灌木树种栽植大叶黄杨、月季等;地被植物为鸢尾;绿篱树种以大叶黄杨为主。形成规则式配置模式的街道绿地庭院森林景观。

景观名称:"一板二带"式街道绿地庭院森林景观(6)

技术要点:在平原区道路两侧,行列式栽植樱花、大叶黄杨,株间混交,各树种的株距3~4 m,形成落叶与常绿混合配置的街道绿地庭院森林景观。

图1-14 "一板二带"式街道绿地庭院森林景观

二、"二板三带"式

"二板三带"式街道绿地就是除了在街道两侧人行道上种植行道树外,中间用一条绿化带分隔,把车道分成单向行驶的两条车道,中间、两边共分出三条绿化带。这种绿化布局形式,一般是在街道两侧采用高大的乔木景观树种,如国槐、白蜡、栾树等;中间绿化分隔带采用灌木树种,如小龙柏、小叶女贞、小叶黄杨等配置成绿篱分隔带。既可以减少"一板二带"街道机动车的碰撞现象,同时对绿化、照明、管线铺设也较为有利,可有效地起到滞尘、降噪的作用。典型实例见图1-15。

景观名称:"二板三带"式街道绿地庭院森林景观(1)

技术要点:在道路两侧,采用不规则方式栽植雪松、黄连木等,孤植或群植配置;花灌木有山杏、樱花、小叶女贞等,组团式配置;绿篱以小龙柏、紫叶小檗为主。

景观名称:"二板三带"式街道绿地庭院森林景观(2)

技术要点:在道路两侧,乔木树种以悬铃木为主,灌木树种为紫荆,绿篱树种以大叶黄杨、小龙柏为主。采用规则式的配置方式,形成简洁、高雅的街道绿地庭院森林景观。

景观名称:"二板三带"式街道绿地庭院森林景观(3)

技术要点:在道路两侧,对称栽植园林绿化树种。乔木树种有杨树、国槐、雪松、紫叶李等,灌木树种有小叶女贞、丁香等,采用群植方式栽植,组团式配置;绿篱树种以小龙柏、金叶女贞和小叶黄杨为主。

景观名称："二板三带"式街道绿地庭院森林景观（4）

技术要点：在山丘区道路两侧，行列式栽植樱花树种，株距 3～4 m，形成以樱花为主的街道绿地庭院森林景观。

景观名称："二板三带"式街道绿地庭院森林景观（5）

技术要点：主路两侧栽植樱花，绿篱树种为小龙柏和紫叶小檗，间歇式配置。树穴内用麦冬作草坪，增加街道绿化的绿量和景观效果。

景观名称："二板三带"式街道绿地庭院森林景观（6）

技术要点：乔木树种为毛白杨，小乔木树种为大叶女贞，行列式栽植；灌木树种为小叶女贞球；地被植物以矮牵牛为主，采用规则式栽植。形成街道绿地庭院景观。

图 1-15 "二板三带"式街道绿地庭院森林景观

三、"三板四带"式

"三板四带"式街道绿地是用两条分车绿化带把行车道分成三块板，中间为机动车道，两条分车绿带外侧为非机动车道。"三板四带"式街道绿地森林景观包括车行道绿化、人行道绿化、分车带绿化。一般在街道两侧各设一条绿化带，以高大乔木行道树为主；道路中间设一条分车绿带，栽植花灌木和常绿小乔木，还可设绿篱、铺草坪。典型实例见图 1-16。

1. 车行道景观绿化

在街道交通量较大而人行道较窄的情况下，一般是在两侧的人行道上各栽植一行乔木，常用毛白杨、悬铃木、白蜡、臭椿、国槐等适应性强、生长健壮、遮阴效果好的树种，株距 5~6 m；当对人行道进行铺装时，需为树木留出直径 1~1.5 m 的树池；距车行道较近的，定干高度应在 3.5 m 以上。在狭窄的街道上，也可只在一侧的人行道上栽植树木。

2. 人行道景观绿化

在宽阔的人行道上可设计绿化带，根据绿化带的宽度确定乔、灌木的行数，乔木采用行列式栽植。靠近建筑物 4 m 宽以内可栽灌木及常绿小乔木，不宜种植大乔木树种，以利于街道的通风和采光。

3. 分车带景观绿化

在分车带上进行的景观绿化叫分车带景观绿化,也叫隔离绿带,起到组织交通和美化街道的功能。在较宽干道上,常在三块板的路面上设置两条分车带,用来隔离快车道与慢车道;在两块板的路面上设置中间分车带,用来分隔上行与下行车辆。分车带的宽度因道路不同而异,较宽的分车带上可栽种小乔木、灌木及草坪,窄的分车带可栽植低矮灌木与草坪,采用不遮视线的开敞式种植方式。

景观名称: "三板四带"式街道绿地庭院森林景观(1)

技术要点: 在道路内侧栽植乔木树种悬铃木为行道树,外侧以紫叶李、雪松等为主;灌木树种有紫薇、丁香、沙金柏、大叶黄杨等,组团式配置;绿篱树种以小龙柏、小叶黄杨为主。

景观名称: "三板四带"式街道绿地庭院森林景观(2)

技术要点: 在道路内侧栽植乔木树种悬铃木、玉兰为行道树,外侧以桧柏、黑松等为主;灌木树种有紫荆、丁香、大叶黄杨等,组团式配置;绿篱树种以小龙柏、小叶黄杨为主。

景观名称:"三板四带"式街道绿地庭院森林景观(3)

技术要点:在道路两侧,栽植乔木树种有栾树、元宝枫、黄连木等;花灌木树种有紫薇、小叶女贞等。不规则式栽植,并配有景石、龙舌兰和草坪。

景观名称:"三板四带"式街道绿地庭院森林景观(4)

技术要点:街道内侧树种为悬铃木,外侧树种以雪松、毛白杨为主,组团式配置;灌木树种为大叶黄杨球和女贞球;绿篱树种以小龙柏、大叶黄杨等为主;草坪为冷季型草坪为主。

景观名称："三板四带"式街道绿地庭院森林景观（5）

技术要点：在道路两侧，乔木树种以栾树为主，花灌木树种以樱花为主，采用规则式配置方式；绿篱树种以小龙柏、小叶黄杨为主。

景观名称："三板四带"式街道绿地庭院森林景观（6）

技术要点：在道路内侧对称栽植乔木树种悬铃木、大叶女贞，行列式栽植；灌木树种以小叶女贞、大叶黄杨等为主，组团式配置；绿篱树种以小叶女贞、杜鹃花为主。

图 1-16 "三板四带"式街道绿地庭院森林景观

第五节　公共绿地

公共绿地是指面向公众、有一定游憩设施的、供居民共享的休闲娱乐绿地，如街心公园、路旁或临水宽度等于和大于5 m的绿地（《镇规划标准》GB 50188—2007）。公共绿地具体包括村镇内的小游园、休闲广场、街头隙地等组团绿地及其他块状、带状绿地。

一、小游园型

小游园型公共绿地庭院森林景观是公共游园防护林的一种配置类型，主要包括小型的开放式公园、街旁绿地，是村庄绿地的重要组成部分。它不仅为居民休闲、游玩、晨练提供一个舒适的空间环境，也为了解社会、认识自然、享受现代化科学技术带来方便。另外，它还对美化村庄、调节气候、净化空气和防灾减灾起到积极的作用。一般经济条件较好的村镇可利用村镇驻地内的自然地形，结合坑塘治理，进行小游园森林景观建设，种植松柏、垂柳、荷花等常绿、观赏树木，建立供居民游憩、休闲、娱乐和观赏的村级游园。绿化形式以乔木+草坪的配置模式为主，草坪内配植花卉和灌木。适当配置亭、凳、椅等。典型实例见图1-17。

景观名称：小游园型公共绿地庭院森林景观（1）

技术要点：乔木为悬铃木、黑松、柳树等，花灌木以杏梅、樱花、紫荆和小叶女贞为主，采用群植或孤植的配置方式。绿篱以大叶黄杨为主，配有景石等小品。

景观名称：小游园型公共绿地庭院森林景观（2）

技术要点：乔木树种为国槐、白蜡、柿树、枫树、樱花等，花灌木树种以丁香、月季、紫薇、小叶女贞为主，采用群植或孤植的配置方式；绿篱树种以小龙柏为主，配有凉亭等设施。

景观名称：小游园型公共绿地庭院森林景观（3）

技术要点：乔木树种为毛白杨、白蜡、柿树、柳树，灌木树种为海棠、丁香、紫薇、樱花等，采用群植、不规则配置方式。绿篱树种为大叶黄杨，草本花卉为虞美人等，设有凉亭等休闲设施。以休闲游赏为主要目的。

景观名称：小游园型公共绿地庭院森林景观（4）

技术要点：乔木树种为合欢、国槐、垂柳，灌木树种以丁香、樱花、紫薇、月季和小叶女贞为主，采用不规则栽植方式。绿篱树种以大叶黄杨为主，并配有健身器材等设施。

景观名称：小游园型公共绿地庭院森林景观（5）

技术要点：乔木树种为水杉、雪松，灌木树种以美人梅、小龙柏、连翘为主，采用组团、不规则栽植方式，复层结构配置。地被植物以郁金香、鸢尾等为主，并配有景石小品。

景观名称： 小游园型公共绿地庭院森林景观（6）

技术要点： 乔木树种为黑松、柳树为主，花灌木树种以美人梅、紫荆、石楠为主，采用群植或孤植的配置方式。绿篱树种以大叶黄杨为主，配有长条凳等休闲设施。

景观名称： 小游园型公共绿地庭院森林景观（7）

技术要点： 乔木树种为国槐、紫叶李等，灌木树种以紫薇、小叶女贞、樱花等为主，采用群植或孤植的配置方式。绿篱树种以大叶黄杨为主，配有石条园路等设施。

景观名称：小游园型公共绿地庭院森林景观（8）

技术要点：乔木树种为国槐、银杏、紫叶李、黑松，灌木树种以樱花、小叶女贞、丁香、紫薇为主，采用不规则栽植方式，乔、灌复层结构配置。

图1-17　小游园型公共绿地庭院森林景观

二、休闲广场型

休闲广场型公共绿地庭院森林景观是公共绿地的一种配置类型，通常处于村镇的中心地段，是村民游览、休闲和组织各种活动的公共活动场所，能够体现村镇的经济水平和文化艺术风貌，是村镇生态文明建设特点的标志。村镇建设的各类绿化广场，能增加绿化面积，改善环境条件，为村民提供更多的休闲、娱乐和集会的活动空间。休闲广场绿化风格要服从广场的整体风格，种植规划多采用规则式布局，常设置花坛、草坪、喷泉等，节日时还可集中摆放盆花。广场局部可栽植一些耐阴或花灌木树种，并设置连排座椅供游人休息。休闲广场绿化应该注意环境通透清爽，保证安全性，体现中心性。同时应该丰富树种选择，通过不同树种体现不同的景观，丰富广场的绿化形式。典型实例见图1-18。

景观名称：休闲广场型公共绿地庭院森林景观（1）

技术要点：乔木树种为水杉、雪松，采用行列式栽植；花坛与休闲广场配置结合。花坛中心建有"凤凰"雕塑标志，周围采用小叶女贞、紫叶小檗等组成配置图案。绿篱树种为大叶黄杨、小龙柏，形成空间开阔的公共绿地庭院森林景观。

景观名称：休闲广场型公共绿地庭院森林景观（2）

技术要点：乔木树种为悬铃木、雪松，采用行列式栽植，单层结构配置，并配置休闲广场；绿篱树种为小龙柏。铺装硬化地面的面积较大，主要形成以健身、集会和休闲为一体的公共绿地庭院森林景观。

景观名称：休闲广场型公共绿地庭院森林景观（3）

技术要点：乔木树种为国槐、垂槐，采用不规则式栽植，单层结构配置，并配置休闲广场和健身器材等设施，形成以健身、集会和游赏为一体的休闲广场型庭院森林景观。

景观名称：休闲广场型公共绿地庭院森林景观（4）

技术要点：乔木树种为白蜡，采用行列式栽植，单层结构配置；地面铺装硬化面积较大，配有长条椅，形成以健身、集会和休闲为一体的休闲广场型庭院森林景观。

景观名称：休闲广场型公共绿地庭院森林景观（5）

技术要点：乔木树种为杨树、泡桐，采用环植结构配置方式，形成环形防护林带。草坪以草坪草为主，形成以健身、集会为一体的休闲广场型庭院森林景观。

景观名称：休闲广场型公共绿地庭院森林景观（6）

技术要点：乔木树种以朴树、国槐、悬铃木、龙柏、蜀桧等为主，灌木树种有金叶女贞、大叶黄杨、月季、丁香等，绿篱树种为小叶黄杨。硬化地面较大，形成集会和休闲广场型庭院森林景观。

景观名称： 休闲广场型公共绿地庭院森林景观（7）

技术要点： 乔木树种为悬铃木、雪松，采用行列式栽植，复层结构配置；绿篱树种为大叶黄杨。铺装硬化地面的面积较大，形成以停车为主要功能的休闲广场型庭院森林景观。

景观名称： 休闲广场型公共绿地庭院森林景观（8）

技术要点： 乔木树种为柳树、白蜡，采用行列式或组团式栽植，单层结构配置。铺装硬化地面的面积较大，形成以健身、集会和休闲为一体的休闲广场型庭院森林景观。

图1-18 休闲广场型公共绿地庭院森林景观

三、街头隙地型

街头隙地型公共绿地庭院森林景观一般位于村镇驻地的街头或村旁。利用村镇内或周边的空闲隙地、水面周围、沟渠两侧等地段进行植树造林,营造供村镇居民休息和游玩的块状或带状公共绿地庭院森林景观,可根据面积、形状和管理水平的差别,分为规则式、自然式或混合式等不同形式。其植物配置上应选择无毒无刺的树种,彩叶树种与常绿树种合理搭配,形成半密闭及开敞空间,为附近居民提供休闲娱乐和沟通交流的绿地环境空间。街头隙地森林景观通常面积较小,但功能齐全,是供人们休闲、漫步、健身和游玩的主要场所,是解决人多地少、土地面积局限性大的一种主要绿化形式。对于面积较大的街头隙地,可建成近似居住区的小公园,应采用开放式植物布置,有通行的园路,并配有健身器材、座椅、宣传栏等服务设施。典型实例见图1-19。

景观名称: 街头隙地型公共绿地庭院森林景观(1)

技术要点: 乔木树种以国槐、雪松为主,灌木树种以樱花、小叶女贞等为主,采用不规则式配置方式。绿篱树种以小龙柏、紫叶小檗、大叶黄杨为主。

景观名称： 街头隙地型公共绿地庭院森林景观（2）

技术要点： 乔木树种以杨树、柳树、黑松为主，灌木树种以海棠、樱花、连翘、小叶女贞、龙柏为主，采用不规则式混交配置方式，地被植物以草坪草为主。

景观名称： 街头隙地型公共绿地庭院森林景观（3）

技术要点： 乔木树种为杨树、柳树、泡桐、云杉、紫叶李，灌木树种有海棠、樱花、丁香、金银木、紫薇、月季和小叶女贞等，采用多树种不规则混交栽植方式，形成近自然配置结构。为人们提供休闲娱乐和观赏游览的场所。

景观名称：街头隙地型公共绿地庭院森林景观（4）

技术要点：乔木树种以雪松、杏树、柿树、杨树为主，灌木树种以樱花、丁香、紫薇、月季和小叶女贞球为主，采用孤植和群植方式栽植，复层结构配置。绿篱树种以大叶黄杨为主，地被植物有鸡冠花、非洲菊、串串红等，采用流线型或斑块状组合与配置。

景观名称：街头隙地型公共绿地庭院森林景观（5）

技术要点：乔木树种以栾树、山杏为主，采用群植方式，斑块状结构配置。林下地被植物为冷季型草坪草和非洲菊等，并配置休息石凳等园林小品。

景观名称：街头隙地型公共绿地庭院森林景观（6）

技术要点：乔木树种以国槐、黑松等为主，灌木树种以紫薇、小叶女贞等为主，采用近自然配置方式。绿篱树种为大叶黄杨、小龙柏等，并配置景石等园林小品。

景观名称：街头隙地型公共绿地庭院森林景观（7）

技术要点：乔木树种以水杉、雪松为主，采用群植方式，斑块状单层结构配置。草坪为冷季型草坪，并配置景石等园林小品。形成以休闲游憩为目的的庭院森林景观。

图1-19　街头隙地型公共绿地庭院森林景观

第二章 道路森林景观

第一节 概述

道路森林景观是整个村镇绿化的结构骨架，是依附在村镇道路系统上的绿色元素，是村镇景观绿化的重要内容。根据景观生态学原理，道路森林景观是村庄景观生态系统中的生态廊道，占整个村镇绿地面积的比重较大，它以网状、线状等形式将村镇绿地联系在一起，组成一个完整的村镇森林景观系统。它不仅可以创造丰富多彩的道路森林景观，还可以净化空气，调节气候，保护路面和行人，如在炎热的夏季，良好的道路森林景观能明显降低树荫下的地面温度。另外，道路森林景观还可以组织交通，集中驾驶人的视线。因此，村镇道路森林景观建设要通过合理的植物选择，科学合理配置，在满足交通功能需要的同时，构筑起一条美丽的绿色生态廊道。

道路森林景观通常在道路两侧种植高大的乔木树种，形成行列式林荫道。在不影响交通的前提下，主干道路森林景观建设可打破单行行道树的配置模式，采用花卉、草坪、乔木、灌木合理搭配的方式。既要考虑遮阴效果，又要显得开阔与整齐，大多采用两侧对称式。次干道路森林景观建设宜采取单行栽植，根据道路长短有规律地变化树种和树形，形成道路景观的韵律美。

一、道路森林景观功能

1. 改善道路环境质量，保护路面

道路森林景观的生态效益能改善村镇密集区道路的自然环境，调节村镇小气候和缓解热岛效应。合理化、生态化的配置道路森林景观能使道路表面温度降低，保护道路免受高温的损害，有利于延长道路的使用寿命。

2. 净化空气，减少噪音

道路森林景观中的各种乔、灌木枝叶繁茂，能够减少空气飘尘量，对灰尘有阻滞、过滤和吸附作用。森林是环境中二氧化碳和氧气的调节剂，能够增加空气中的负氧离子，可改善道路环境的空气质量，还能起到降声减噪的作用，如通过20 m 宽的多层树木的绿化带与通过等距离的空旷地相比，噪声可减少 5～7 dB。

3. 美化环境，提升品位

道路森林景观的合理配置，可以丰富村镇道路周边建筑群的轮廓线，改善道路行车环境，提高道路景观效果，美化村容村貌。通过当地特色树种与周围景观的结合，能够做到一路一树种，形成富有地方特色的道路景观，提升道路绿化品位。

二、道路森林景观建设的原则

道路森林景观建设根据公路等级、地理位置及社会经济状况不同而异，其建设的原则如下：

1. 以提高道路服务功能为主，使其具备诱导行驶、优化行车环境之服务功能，并在保护路面、稳定路基等方面起到积极作用。

2. 要合理利用道路范围内的可绿化用地，最大限度提高绿化景观的生态效益和景观观赏性。

3. 要充分考虑经济效益。一是景观绿化建设标准要符合实际，二是景观的后期管理要简便易行，三是绿化景观本身要创造经济价值，达到以绿化养绿化的良性循环。

4. 树种选择以乡土树种为主，适当选用外来树种；花灌木选用花色鲜艳、花期较长的树种，提高道路绿化的观赏效果。

三、道路森林景观造林树种

乔木树种：杨树、白蜡、国槐、臭椿、毛白杨、悬铃木、银杏、十头椿、垂柳、馒头柳、旱柳、栾树、元宝枫、鹅掌楸、龙柏、水杉、黑松、雪松等。

花灌木树种：紫叶李、丁香、紫荆、连翘、榆叶梅、碧桃、冬青、紫薇、海棠、大叶黄杨、木槿、樱花、月季等。

四、道路森林景观类型划分

山东经济较发达，交通便捷，已构成四通八达的公路网络。道路森林景观也是村镇生态环境体系建设的重要组成部分，不仅形成的大型森林景观带能起到防御自然灾害、改善生态环境的作用，而且形成的"绿色通道"还能发挥道路绿化美化作用，有效地提升区域环境的整体形象。村镇道路森林景观按其结构布局和功能特点划分为主干道路绿地、次干道路绿地和园林道路绿地3种景观类型组和9种景观类型。其中，主干道路绿地划分为绿化美化型、生态防护型和生态经济型3种道路森林景观；次干道路绿地划分为绿化美化型、生态防护型、生态经济型3种道路森林景观类型；园林道路绿地划分为"一板二带"式、"二板三带"式、"三板四带"式3种道路森林景观。

第二节　主干道路绿地

在村镇区域主要道路或交通性道路，绿地建设以改善区域生态环境，降尘减噪、防风固沙、涵养水源、保持水土、防污治污为目标，以乔木树种为主，采用行列式栽植或乔、灌混植的方式，保证交通通畅、行车安全。在平原地区，地势平坦，公路顺直，一般可在公路两侧边坡或边坡与农田之间各栽植一行至多行乔木树种。常用生长健壮、高大挺拔的乔木树种，也可在边坡上种植灌木树种。交叉路口或桥涵两头，在不影响行车视线的条件下，可栽植树丛以美化路况，并起到安全标志的作用。在山丘区，道路常呈路堑形式或半挖半填形式，两侧多是山坡。这种路段宜采用灌木为公路边坡固坡，并在公路两侧的山坡上营造经济林或水土保持林景观。在旅游及风景名胜区，沿公路两侧应种植风景林带与附近景观融成一体。对于经济条件较好或城郊型村镇周边的高等级干线公路，可提高道路森林景观的绿化标准和水平，路旁可设较宽的绿化带，合理配置落叶与常绿乔木、灌木及草坪。如设分车带，可栽灌木或常绿的小乔木，开敞式种植。公路边坡种植草坪，陡坡、水土流失较重的地段需采取特别的护坡措施。立体交叉及桥头，可辟建绿化广场，规划好广场中心的绿岛和立体交叉外围绿地。依据道路绿化的主导功能，主干道路森林景观又分为绿化美化型、生态防护型和生态经济型3种森林景观类型。

一、绿化美化型

绿化美化型主干道路森林景观是城乡接合处道路、乡路两侧商业网点集中的区域营造的，以绿化美化为主导功能的道路防护林。其建设的重点是在村镇规划的基础上，从满足村民身心健康、休憩娱乐和绿化美化的需求出发，科学规划设计。植物选择应综合植物的观赏性、功能性、层次性于一体，以乡土树种为主，适当引进外来景观树种；靠近道路内侧可点缀少量花草，适当地段借景造景，配置不同风格的园林小品和景点，形成以乔、灌木绿化树种为主，以草坪为衬托，以花卉为点缀的绿化美化型格局。典型实例见图2-1。

景观名称： 绿化美化型主干道路森林景观（1）

技术要点： 乔木树种以栾树为主，行列式栽植，株距3 m；灌木树种以紫叶李、红叶海棠为主，采用组团式配置。绿篱树种以小龙柏、红叶石楠为主，规则式栽植。

景观名称： 绿化美化型主干道路森林景观（2）

技术要点： 乔木树种以悬铃木、雪松、栾树为主；灌木树种以紫叶李、丁香、紫薇为主，采用近自然式配置。绿篱树种以小龙柏、紫叶小檗为主，规则式栽植。

景观名称：绿化美化型主干道路森林景观（3）

技术要点：乔木树种以悬铃木、栾树为主；灌木树种以海棠、石楠、樱花为主，采用乔、灌、草配置。绿篱树种以小叶女贞、小龙柏为主，规则式栽植。

景观名称：绿化美化型主干道路森林景观（4）

技术要点：道路两侧，路堑乔木树种以五角枫、桧柏为主，株间混交，行列式栽植；山体乔木树种以侧柏为主，采用近自然式配置。

图2-1 绿化美化型主干道路森林景观

二、生态防护型

生态防护型主干道森林景观是村庄外围道路、沿田间生产道路、山区道路沿线营建的以改善区域生态环境，降尘减噪、防风固沙、涵养水源、保持水土为目标，保证交通通畅、居民安全、农作物丰产的森林景观。建设时从改善生态环境，提高防护功能出发，对不同地段道路森林景观进行合理区划。以农村常见的用材树种为主，一般在道路两侧各列植2~4行，或带、条、块、网状配置。典型实例见图2-2。

景观名称：生态防护型主干道路森林景观（1）

技术要点：乔木树种以元宝枫、栾树为主；灌木树种以紫薇、丁香等为主，采用近自然式配置。绿篱树种以小龙柏为主，规则式栽植。

景观名称：生态防护型主干道路森林景观（2）

技术要点：乔木树种以麻栎、黑松为主；灌木树种以樱花、紫穗槐为主，采用近自然式、乔、灌、草配置。地被植物以茅草为主，规则式栽植。

景观名称：生态防护型主干道路森林景观（3）

技术要点：乔木树种为悬铃木，与常绿树种蜀桧，株间混交配置，树种株距 3～4m，形成生态防护型的主干道路森林景观。

景观名称：生态防护型主干道路森林景观（4）

技术要点：山丘区道路，靠近山体的一侧树种为黑松，路基以石砌的地堑为主，坡脚下以黑松树种为主。采用不规则栽植形式，形成固土护坡的道路森林景观。

景观名称：生态防护型主干道路森林景观（5）

技术要点：乔木树种以旱柳、龙柏为主，株间混交，树种的株距3～4 m，行列式栽植，形成生态防护型的道路森林景观。

景观名称：生态防护型主干道路森林景观（6）

技术要点：乔木树种以毛白杨为主，道路每侧行列式栽植1行树木，株距4 m。

图2-2　生态防护型主干道路森林景观

三、生态经济型

生态经济型主干道森林景观是城郊或乡村外围的通道沿线，在1～3行生态防护型林带框架的基础上，在其外侧水土条件较好的地段因地制宜发展成片的特色经济林景观。该森林景观综合效益较高，既能改善乡村生态环境，增加道路绿色屏障的内涵，又能充分利用土地资源，增加沿路群众收入。建设时应从乡村生活和经济需求出发，尊重村民意愿，根据经济、交通和自然条件，主要选择经济林、用材林等树种进行行列式栽植，提高生态经济效益。典型实例见图2-3。

景观名称：生态经济型主干道路森林景观（1）

技术要点：乔木树种以杨树为主，采用行列式栽植，株行距1 m×2～3 m，形成以培育用材为主要目的的道路森林景观。

景观名称：生态经济型主干道路森林景观（2）

技术要点：乔木树种以毛白杨为主，株间距4～5 m，单排行列式栽植，形成以培育用材为主要目的的道路森林景观。

景观名称： 生态经济型主干道路森林景观（3）

技术要点： 乔木树种以杨树为主，每侧 4～6 行栽植，株行距 3 m×5 m，形成以培育用材为主要目的的道路森林景观。

景观名称： 生态经济型主干道路森林景观（4）

技术要点： 乔木树种为毛白杨，采用行列式栽植，株行距 1 m×2～3 m，形成以培育用材为主要目的的道路森林景观。

图 2-3　生态经济型主干道路森林景观

第三节　次干道路绿地

次干道路绿地由于通过行人少、道路两侧种植空间较小，绿化的主要目的是为行人和车辆提供树荫、降噪和降温的作用。景观绿化除可以有乔木和小乔木以树池的栽植方式作为行道树外，可采用花灌木加宿根地被植物的形式，以增加观赏性。比如行道树下可配植紫薇、木槿、桂花、山茶、棣棠、迎春、紫荆、南天竹等花灌木；或者配以红叶石楠、樱花、海棠、龟甲冬青、大叶黄杨等灌木球增加植被层次，用于提升村庄整治层次的绿化。另外还可以配植粗放管理的地被植物，比如麦冬、野菊花、二月兰、马蔺等，适当增加野趣、乡村气息。在农户与农户相连的地带可以用藤本植物连起一个绿廊，如牵牛花、凌霄、爬山虎、蔷薇等，或应用农家喜爱的作物，如丝瓜、葫芦、南瓜、佛手瓜等，更加贴近生活。次干道路景观类型主要包括绿化美化型、生态防护型和生态经济型三种。

一、绿化美化型

绿化美化型次干道路森林景观类型划分同主干道路森林景观。典型实例见图2-4。

景观名称：绿化美化型次干道路森林景观（1）

技术要点：在靠近山体的一侧树种以黑松为主，另一侧树种以银杏、枫树、石楠为主，形成多树种不规则混交的绿化带。绿篱树种以大叶黄杨为主。提高道路的观赏性。

景观名称：绿化美化型次干道路森林景观（2）

技术要点：在山丘区道路两侧，乔木树种以国槐为主，行列式栽植，株距4 m；花灌木树种为碧桃，地被植物为爬地柏。形成乔、灌结合的道路森林景观。

景观名称：绿化美化型次干道路森林景观（3）

技术要点：乔木树种以杨树为主，采用行列式栽植，株行距1 m×2～3 m；灌木树种以红叶石楠为主。形成乔、灌结合的复层道路森林景观。

景观名称：绿化美化型次干道路森林景观（4）

技术要点：乔木树种以柳树为主，采用近自然式栽植，株行距 3 m×2～3 m；地被植物以非洲菊为主。形成绿化美化型次干道路森林景观。

景观名称：绿化美化型次干道路森林景观（5）

技术要点：乔木树种以旱柳、龙柏为主，株间混交，树种的株间距 4～5 m，行列式栽植。形成绿化美化型次干道路森林景观。

景观名称：绿化美化型次干道路森林景观（6）

技术要点：在山区道路两侧，乔木树种以枫树、黑松为主，采用多树种近自然配置；花灌木树种为海棠、石楠、碧桃等；草本以狼尾草为主。形成乔、灌、草结合的道路森林景观。

图2-4 绿化美化型次干道路森林景观

二、生态防护型

生态防护型次干道路森林景观类型划分同主干道路森林景观。典型实例见图2-5。

景观名称：生态防护型次干道路森林景观（1）

技术要点：平原区道路，乔木树种为垂柳，株距4～5 m，行列式栽植。形成生态防护型次干道路森林景观。

景观名称：生态防护型次干道路森林景观（2）

技术要点：山丘区道路，乔木树种为悬铃木，株距 3～4 m，行列式栽植。形成以生态防护为主要目的的道路森林景观。

景观名称：生态防护型次干道路森林景观（3）

技术要点：乔木树种以黑松为主，采用行列式栽植，株行距 1 m×2～3 m。形成以生态防护为主要目的的道路森林景观。

景观名称： 生态防护型次干道路森林景观（4）

技术要点： 乔木树种以黑松、刺槐为主，采用近自然式栽植，株行距2 m×2~4 m；灌木树种为山杏、黄栌等。形成以生态防护为主要目的的道路森林景观。

景观名称： 生态防护型次干道路森林景观（5）

技术要点： 乔木树种为悬铃木，株距3~4 m，行列式栽植。形成以生态防护为主要目的的道路森林景观。

景观名称：生态防护型次干道路森林景观（6）

技术要点：山丘区道路，乔木树种为悬铃木，株距3~4 m，行列式栽植。形成以生态防护为主要目的的道路森林景观。

图2-5　生态防护型次干道路森林景观

三、生态经济型

生态经济型次干道路森林景观类型划分同主干道路森林景观。典型实例见图2-6。

景观名称：生态经济型次干道路森林景观（1）

技术要点：平原区道路两侧，乔木树种为杨树，行列式栽植各2行，株距3~4 m，行距1~2 m。形成以培育用材为主要目的的道路森林景观。

村镇森林景观

景观名称：生态经济型次干道路森林景观（2）

技术要点：平原区道路两侧，乔木树种以柿树为主，行列式栽植，株距3~4 m。形成生态经济效益为主要目的的道路森林景观。

景观名称：生态经济型次干道路森林景观（3）

技术要点：山丘区道路两侧，乔木树种以苹果树为主，株距3~4 m。形成以生产果品为主要目的的道路森林景观。

景观名称：生态经济型次干道路森林景观（4）

技术要点：山丘区道路，乔木树种为板栗、核桃，株距3～4 m，块状或带状栽植。形成以生产经济林产品为主要目的的道路森林景观。

景观名称：生态经济型次干道路森林景观（5）

技术要点：山丘区道路，乔木树种为海棠，株行距2 m × 3 m，行列式栽植。形成以生态经济为主要目的的道路森林景观。

图2-6　生态经济型次干道路森林景观

第四节 园林道路绿地

园林道路绿地是村镇道路森林景观的重要组成部分，是旅游区道路绿化的基本要求，是道路绿地景观建设的发展方向。随着社会经济的发展，小城镇绿化水平的提高，在城市郊区的村镇和旅游风景名胜区把一些重点路段修建成园林道路绿地。这些园林道路绿地在发挥防风、吸尘、净化空气、调节小气候等生态防护作用的同时，更注重道路的美化，以富有艺术性和创新性的绿化景观，体现城郊和旅游区的良好风貌，并为市民和游客提供更多的游憩空间。

园林道路绿地的植物应选择观赏价值高、能体现地方特色的植物，树种配置考虑林带的空间层次、树形结合、色彩搭配和季相变化等要求，一般同一园林道路绿地的绿化风格要统一，不同路段有所变化，而且要与周围的山体、河湖等自然景观相结合，突出自然景观特色，并使自然景观与人文景观和谐统一。

完整的道路是由机动车道（快车道）、非机动车道（慢车道）、分隔带（分车带）、人行道和街旁绿地等部分组成。对应的绿化带主要由分车绿化带、道路两侧绿化带、路旁隙地绿化带等部分组成。其中，分车绿化带：较宽的路面上可设置两条分车带，用来分隔快车道和慢车道；较窄的路面上可设置中间分车带，用来分隔上行与下行车辆。分车带主要栽植花灌木树种和草坪植物，多组成规则美观的图案。宽的分车带也可稀疏地栽植常绿或观花的小乔木，但不要遮挡视线。道路两侧绿化带：园林道路绿地设较宽的绿化带，一般为每侧 20～30 m，宽的可达 50 m。绿化带中合理配置乔木、灌木、花卉及草坪植物，应用丛植、群植、环植、林植等不同配置方法，形成层次丰富、图形美丽、富有季相变化的绿色景观。路旁隙地绿化带：为方便游人休憩和观赏风景，可在路旁隙地内设置一些小块状休闲绿地，绿地内以观赏花木和草坪植物为主，并以叠石、雕塑等相配合。园内设置游路，安置座椅。在朝向山、河流的适宜观景位置，建设视线开阔的观景平台。

园林道路绿地景观绿化形式与道路的断面布置形式密切相关。目前，村镇园林道路绿地的横断面形式常见的有"一板二带"式、"二板三带"式和"三板四带"式 3 种。

一、"一板二带"式

"一板二带"式园林道路森林景观是道路绿化中最常用的一种形式，即在车行道两侧人行道、分隔线上种植行道树，形成道路森林景观。此法操作简单、用地经济、管理方便。缺点是景观比较单调，当车行道过宽时行道树的遮阴效果较差，不利于机动车辆与非机动车辆混合行驶时的交通管理。典型实例见图2-7。

景观名称："一板二带"式园林道路森林景观（1）

技术要点：在平原区道路两侧，行列式栽植乔木树种国槐，株距3~4 m，地被植物为矮牵牛。形成园林道路森林景观。

景观名称："一板二带"式园林道路森林景观（2）

技术要点：在山丘区道路两侧，带状或块状栽植乔木树种樱花，株距2~3 m，配有部分雪松。形成具有较高观赏价值的园林道路森林景观。

景观名称:"一板二带"式园林道路森林景观(3)

技术要点:在山丘区道路两侧,行列式栽植乔木树种樱花,株距3~4 m,形成以樱花为主的园林道路森林景观。

景观名称:"一板二带"式园林道路森林景观(4)

技术要点:乔木树种以柳树为主,采用近自然式栽植,株行距3 m×2~3 m,地被植物以非洲菊为主。形成园林道路森林景观。

图2-7 "一板二带"式园林道路森林景观

二、"二板三带"式

"二板三带"式园林道路森林景观是在分隔单向行驶的两条车行道中间绿化，并在道路两侧布置行道树。这种形式可将车辆的上下行分开，中间、两边共三条绿化带，适用于宽阔道路，绿带数量较大，生态效益较显著，多用于园林公路和城乡接合的道路景观绿化。典型实例见图2-8。

景观名称： "二板三带"式园林道路森林景观（1）

技术要点： 在道路两侧，乔木树种有悬铃木、黑松、樱花，采用行列式栽植；灌木树种有小叶女贞、紫荆等，组团式配置；绿篱树种以小龙柏、金叶女贞为主。

景观名称： "二板三带"式园林道路森林景观（2）

技术要点： 在道路内侧行列式栽植乔木树种银杏，路外侧以悬铃木、杨树、雪松等为主；灌木树种有樱花、金叶女贞、大叶黄杨等，组团式配置；绿篱树种以小叶女贞、大叶黄杨为主。

景观名称:"二板三带"式园林道路森林景观(3)

技术要点:乔木树种以国槐、雪松为主;灌木树种以紫叶李、紫薇、金叶女贞为主,组团式配置;绿篱树种以大叶黄杨为主。形成园林道路森林景观。

景观名称:"二板三带"式园林道路森林景观(4)

技术要点:乔木树种以毛白杨为主;株间灌木树种以金叶女贞为主,行列式栽植;中间分隔带以金叶女贞为主。形成园林道路森林景观。

图 2-8 "二板三带"式园林道路森林景观

三、"三板四带"式

"三板四带"式园林道路森林景观,在道路较宽街道绿地应用较多,是较完整的道路形式。利用两条分隔带把车行道分成三块，中间为机动车道，两侧为非机动车道，连同车道两侧的绿地共分为四条绿化带。它的优点是使道路绿化美观、卫生防护效果好、组织交通方便；缺点是用地面积较大，维护成本较高。此法虽然占地面积较大，但其绿量大，夏季庇荫效果好，组织交通方便，安全可靠，解决了各种车辆混合互相干扰的矛盾。典型实例见图2-9。

景观名称："三板四带"式园林道路森林景观（1）

技术要点：在道路内侧栽植行道树为乔木树种国槐，外侧乔木树种以紫叶李、雪松、丁香、紫荆、大叶黄杨等为主，组团式配置；绿篱树种以小龙柏、紫叶小檗为主。形成园林道路森林景观。

景观名称："三板四带"式园林道路森林景观（2）

技术要点：在道路内侧栽植行道树为乔木树种栾树，外侧乔木树种以悬铃木为主，行列式配置；绿篱树种以小龙柏、紫叶小檗为主。形成园林道路森林景观。

景观名称:"三板四带"式园林道路森林景观(3)

技术要点:在道路两侧,对称栽植乔木树种悬铃木、旱柳等,灌木树种有海棠、丁香、大叶黄杨等,组团式配置;绿篱树种以小叶女贞、小龙柏为主。

景观名称:"三板四带"式园林道路森林景观(4)

技术要点:在道路内侧行道树栽植乔木树种悬铃木,外侧乔木树种以桧柏、国槐等为主,组团式配置;绿篱树种以小龙柏、紫叶小檗为主。形成园林道路森林景观。

图2-9 "三板四带"式园林道路森林景观

第三章　环村森林景观

第一节　概述

环村森林景观是指在村镇周围规划宽度不等的防护林景观，通常呈片状或带状分布于村镇驻地周围或若干地段，对村镇生态环境起到整体性或区域性保护作用，可以防止或减轻环境灾害的产生，显著改善和提高村镇生态环境质量，主要包括水土保持林、水源涵养林、防风固沙林等各种森林景观类型。这类森林景观具有特定的防护功能，兼具经济、生态和社会功能，一般以杨树、侧柏、刺槐、柳树、松树等树种为主，形成乔、灌木混交的森林景观，主要发挥绿化和生态防护作用。在一些土地条件好、风沙危害轻的村镇，周围也可栽植苹果、梨、柿、板栗等经济树种形成环村森林景观。

一、环村森林景观主要功能

1. 调节气候，保护环境

环村森林景观在调节小气候方面具有减少干热风、抑制热岛效应和蒸散作用，通过树冠阻挡阳光而减少地面辐射热量，增加空气相对湿度，对局部环境有冬暖夏凉的作用。在环境保护方面不仅具有净化空气、防毒除尘、降低噪音等功能，而且还可以增加空气负离子浓度，分泌杀菌素，使空气清新宜人。

2. 保持水土，涵养水源

环村森林景观对保持水土、增加水平降水和涵养水源方面具有重要作用。通过枝叶截留降水、林地的枯枝落叶层和土壤储存降水，可减少地表径流，有利于水分下渗，补充河水和地下水，对防止和减少水土流失，减少河道、湖泊、水库的淤积有明显效果。植物的根系能分泌黏液，固结土壤，有效地改良林地土壤养分状况、防止土壤侵蚀。

3．增加经济收入和就业机会

据研究，树木通过遮阴覆盖、吸水蒸腾及调节空气，可降低空气温度，大大减少居住区空调耗能，节约了村民的经济开支。环村森林景观营建从苗木培育、种植、抚育至生产管理都需要大量的劳动力，从而增加了村镇农民的就业机会。

4．美化村容村貌，提供游憩空间

环村森林景观在美化村容村貌方面起着重要作用。根据不同地形，选择不同的树种营造各种风格的环村防护林景观，由此构成一个整体优美的村镇森林景观，并随着季节变化，鲜花、绿树、硕果把村镇装点得绚丽多彩。环村森林景观内空气清新，幽静祥和，色彩悦目，为村镇居民休闲娱乐、游览健身提供良好的活动空间，增进村民的身心健康。

二、环村森林景观建设原则

1．以人为本，保护农业生产环境原则

山东人多地少，经济发展面临巨大的生态环境压力。环村森林景观建设既要坚持以人为本，突出"天人合一"的理念，又要服务于"三农"生产，保护生态环境。在注重绿化美化和人与自然和谐统一的同时，通过环村森林景观建设，一方面改善农业生产小气候条件，为农村经济建设创造良好的生态环境；另一方面能清洁空气，净化水质，为村民的生产生活营造良好的居住环境。

2．统筹兼顾，村镇绿化一体化原则

环村森林景观建设是一项复杂的系统工程，建设时既要考虑村镇绿化美化，又要考虑村镇绿化发展趋势，运用景观生态学、生态经济学等原理，统筹兼顾，多村镇联合，力求向村镇绿化一体化发展，形成生态、经济、景观等多种效益综合协调发展的森林景观体系。

3．生态优先，生态和经济效益兼顾原则

改善生态环境是当今社会对绿化的第一需求，包括绿化对大气质量的改善、对水源的涵养、对水土的保持、对景观效果的改良等，因此，环村森林景观建设应充分考虑这些因素，确保生态环境的改善。随着山东农村经济发展水平的提高，农民对绿化效果的期望也越来越高，不仅仅是绿化美化，还希望能有一定的经济收入。因此，环村森林景观建设应与发展农村经济、增加农民收入紧密结合起来。

4．适地适树，优化树种配置原则

环村森林景观建设目标与城市园林绿化不同，它是以改善生态环境，发展农村经济为主要目标。因此，应根据村镇绿化的特点及绿化功能，确定造林树种和配置模式，做到适地适树。树种选择时以适应性强的优良乡土树种为主，充分体现乡土气息和地方特色，尽量减少或不种植草坪和花草。

三、环村森林景观造林树种

平原区树种选择：宜选用树干高大、速生成材、抗性强的树种，如杨树、柳树、白蜡、刺槐、国槐、龙柏、白皮松、构树等；经济林类树种有苹果、梨、山楂、桃、樱桃、枣树等；花灌木树种有木槿、樱花、海棠、紫荆、美人梅、石榴、月季、连翘、紫薇等。

山丘区树种选择：乔木树种有侧柏、松树、麻栎、槲栎、油松、刺槐、楸叶泡桐、辽东栎、元宝枫、五角枫、山桃、山杏等；经济林类树种有板栗、核桃、樱桃、柿树、石榴等；花灌木树种有石榴、木槿、月季、海棠、紫荆、美人梅、黄栌、连翘等。

四、环村森林景观类型划分

环村森林景观是以改善生产和生活环境，为居民提供休闲娱乐场所；在山丘区还有稳定固坡、防止泥石流、减轻洪涝、防止水土流失、涵养水源等防护作用。环村森林景观作为农村林业生产的重要组成部分，除了具有生态功能和社会功能外，对促进农村经济发展也具有重要作用。营建时应以改善人居生态环境为主，获取经济效益为辅，林带宽度 50~100 m 为宜，株行距 4 m×3 m，构筑以森林植被为主体的村域绿色生态防护屏障。环村森林景观按其结构布局和功能特点划分为生产绿地、防护绿地、园林绿地 3 种景观类型组和 9 种景观类型。其中，生产绿地划分为木材生产型、果品生产型、苗木生产型 3 种森林景观类型；防护绿地划分为水土保持型、水源涵养型、防风固沙型 3 种森林景观类型；园林绿地划分为景观观赏型、休闲游览型、自然美化型 3 种森林景观类型。

第二节　生产绿地

生产绿地指在满足生态防护功能的前提下，以取得经济效益为主的环村生产绿地。包括生产用材、果品、苗木等形式。主要选择速生、优质用材树种，如速生杨、黑松、刺槐等；高效的经济林种及城乡绿化常见的园林树种，如银杏、苹果、蜀桧、玉兰、紫薇等，规则式片、带或网状配置。早期林下可以进行林农间作和林药间作，充分利用营养空间和光热资源，获取一定的经济效益。在山丘区村镇营建的以获

取经济效益为主的环村森林景观，不仅可以实现山体的绿化美化，还能充分利用土地资源，调整农业产业结构，发展林果产业，提高经济效益。营建时根据当地的自然地理条件及经济条件，在塬面土地上建设粮田，在缓坡带状地因地制宜发展一些生产名、特、优、新干鲜果品等经济林，如核桃、板栗、山楂、苹果、桃、梨、杏等。

一、木材生产型

木材生产型环村森林景观，即以生产木材为主要目的的环村森林景观，如杨树用材林、楸树用材林和刺槐用材林等森林景观。典型实例见图3-1。

景观名称：木材生产型环村森林景观（1）

技术要点：造林树种为杨树，株行距3 m×5 m，形成以生产木材为主要目的的杨树环村森林景观。

景观名称：木材生产型环村森林景观（2）

技术要点：造林树种为杨树，株行距2 m×8 m，形成以生产木材为主要目的的杨树环村森林景观。

景观名称：木材生产型环村森林景观（3）

技术要点：造林树种为杨树，株行距2 m×3～4 m，形成以生产木材为主要目的的杨树环村森林景观。

景观名称：木材生产型环村森林景观（4）

技术要点：造林树种为杨树，造林株行距3 m×4 m，形成以生产木材为主要目的的杨树环村森林景观。

图3-1　木材生产型环村森林景观

二、果品生产型

果品生产型环村森林景观，即以生产果品为主要目的的环村森林景观，如苹果、桃、梨、杏、核桃、板栗等森林景观。典型实例见图3-2。

景观名称：果品生产型环村森林景观（1）

技术要点：经济树种以桃树为主，造林株行距4 m×5 m，形成山丘区以生产果品为主要目的的环村森林景观。

景观名称：果品生产型环村森林景观（2）

技术要点：经济树种以板栗为主，造林株行距4 m×5～7 m，形成山丘区以生产果品为主要目的的环村森林景观。

景观名称：果品生产型环村森林景观（3）

技术要点：位于瘠薄山地，经济树种以梨树为主，采用水平阶梯田整地，不规则栽植配置，形成以生产果品为主要目的的环村森林景观。

景观名称： 果品生产型环村森林景观（4）

技术要点： 位于瘠薄山地，经济树种以榛子为主，采用水平阶梯田整地，不规则栽植配置，形成以生产果品为主要目的的环村森林景观。

景观名称： 果品生产型环村森林景观（5）

技术要点： 经济树种以桃树为主，造林株行距3 m×4 m，形成山丘区以生产果品为主要目的的环村森林景观。

景观名称：果品生产型环村森林景观（6）

技术要点：经济树种以桃树为主，株、行距2～3 m×3～4 m，形成以生产果品为主要目的的环村森林景观。

图 3-2　果品生产型环村森林景观

三、苗木生产型

苗木生产型环村森林景观，即以生产绿化苗木为主要目的的环村森林景观，是为城乡绿化美化生产和培育各类苗木的圃地，如樱花、海棠、白蜡、桧柏等园林、花卉苗木景观。典型实例见图3-3。

景观名称：苗木生产型环村森林景观（1）

技术要点：在村庄周围建立樱花苗圃基地，形成以培育樱花苗木为主要目的的环村森林景观。

景观名称：苗木生产型环村森林景观（2）

技术要点：树种为樱花，栽植株行距2 m×3 m，建立苗木基地，形成以培育樱花苗木为主要目的的环村森林景观。

景观名称：苗木生产型环村森林景观（3）

技术要点：树种为桧柏，栽植株行距2 m×2 m，建立苗木基地，形成以培育桧柏苗木为主要目的的环村森林景观。

景观名称：苗木生产型环村森林景观（4）

技术要点：树种为金叶水杉，栽植株行距2 m×2 m，形成以培育金叶水杉苗木为主要目的的环村森林景观。

景观名称：苗木生产型环村森林景观（5）

技术要点：树种为桑树，栽植株行距1 m×2 m，形成以培育桑蚕养殖苗木为主要目的的环村森林景观。

景观名称：苗木生产型环村森林景观（6）

技术要点：树种为樱花，栽植株行距 2 m×3 m，形成以培育樱花苗木为主要目的的环村森林景观。

图 3-3 苗木生产型环村森林景观

第三节　防护绿地

防护绿地是村镇中具有卫生、隔离和安全防护功能的绿化用地，包括在生态环境恶劣、环境污染严重的农村周围营造的、具有改善空气质量、防风固沙、保持水土等功能的环村森林绿地。营造时要因地制宜，因害设防，选择适应性强、抗风、耐盐碱、能吸收有害气体的树种，如杨树、栾树、圆柏、银杏等，通过片、带、网状搭配综合建设而成；或采取乔、灌混交方法营建针阔混交林，并适当密植以提高防护效果，为乡村提供良好的绿色生态屏障。

一、水土保持型

水土保持型环村森林景观，即以保持水土为主要目的的环村森林景观，如侧柏、刺槐、黑松等森林景观。典型实例见图 3-4。

景观名称: 水土保持型环村森林景观(1)

技术要点: 位于低山丘陵区,乔木树种以杨树为主,地被植物为灌藤植物,采用近自然式配置而形成的环村森林景观。

景观名称: 水土保持型环村森林景观(2)

技术要点: 位于低山丘陵区,乔木树种以黑松、麻栎、刺槐为主,采用多树种近自然式配置,形成以水土保持型为主要目的的环村森林景观。

景观名称：水土保持型环村森林景观（3）

技术要点：位于立地条件较差的低山丘陵区，乔木树种以侧柏为主，采用不规则式栽植；地被为蒿类、白茅类等野生杂草，形成侧柏环村森林景观。

景观名称：水土保持型环村森林景观（4）

技术要点：位于低山丘陵区，乔木树种以刺槐、侧柏为主，灌木树种以酸枣为主，采用多树种近自然式配置而形成的环村森林景观。

景观名称：水土保持型环村森林景观（5）

技术要点：位于低山丘陵区，乔木树种以杨树、黑松为主，地被以蒿类、白茅类为主，采用斑块状配置，形成环村森林景观。

景观名称：水土保持型环村森林景观（6）

技术要点：位于沿海低山丘陵区，乔木树种以黑松为主，采用多树种近自然式配置，形成以保持水土为主要目的的环村森林景观。

图 3-4　水土保持型环村森林景观

二、水源涵养型

水源涵养型环村森林景观，即以涵养水源为主要目的的环村森林景观，如侧柏、刺槐、黑松等森林景观。典型实例见图3-5。

景观名称： 水源涵养型环村森林景观（1）

技术要点： 乔木树种以麻栎、板栗、侧柏、刺槐为主，灌木树种以酸枣、胡枝子、荆条为主，采用多树种近自然配置，形成以涵养水源为主要目的的环村森林景观。

景观名称： 水源涵养型环村森林景观（2）

技术要点： 位于低山丘陵区，乔木树种以侧柏为主，采用不规则式栽植，地被为蒿类、白茅类等野生杂草，形成以涵养水源为主要目的的环村森林景观。

景观名称：水源涵养型环村森林景观（3）

技术要点：乔木树种以黑松、麻栎、板栗为主，灌木树种以胡枝子、荆条为主，采用多树种近自然配置，形成以涵养水源为主要目的的环村森林景观。

景观名称：水源涵养型环村森林景观（4）

技术要点：乔木树种以刺槐、侧柏、柳树为主，伴生树种有泡桐、杨树、榆树等，近自然式混交配置，形成以涵养水源为主要目的的环村森林景观。

景观名称： 水源涵养型环村森林景观（5）

技术要点： 位于低山丘陵区，乔木树种以黑松、麻栎为主，采用不规则式栽植，形成以涵养水源为主要目的的环村森林景观。

景观名称： 水源涵养型环村森林景观（6）

技术要点： 位于低山丘陵区，乔木树种以侧柏、刺槐为主，采用不规则式针阔混交配置，形成以涵养水源为主要目的的环村森林景观。

景观名称： 水源涵养型环村森林景观（7）

技术要点： 位于低山丘陵区，乔木树种以侧柏、核桃为主，采用不规则式混交配置，形成以涵养水源为主要目的的环村森林景观。

景观名称： 水源涵养型环村森林景观（8）

技术要点： 位于低山丘陵区，乔木树种以侧柏为主，采用不规则式栽植；地被为蒿类、白茅类等野生杂草，形成以涵养水源为主要目的的环村森林景观。

图 3-5　水源涵养型环村森林景观

三、防风固沙型

防风固沙型环村森林景观即以防风固沙为主要目的的环村森林景观，如杨树、柳树、刺槐等森林景观。典型实例见图3-6。

景观名称：防风固沙型环村森林景观（1）

技术要点：树种为杨树，造林株行距3 m×4 m，形成以防风固沙为主要目的的环村森林景观。

景观名称：防风固沙型环村森林景观（2）

技术要点：树种以杨树、紫叶李、泡桐等为主，采用多树种混交配置，形成以防风固沙为主要目的的环村森林景观。

景观名称：防风固沙型环村森林景观（3）

技术要点：树种为柳树，造林株行距3 m×5 m，形成以防风固沙为主要目的的环村森林景观。

景观名称：防风固沙型环村森林景观（4）

技术要点：树种为杨树，造林株行距3 m×4 m，形成以防风固沙为主要目的的环村森林景观。

景观名称：防风固沙型环村森林景观（5）

技术要点：树种为刺槐、臭椿，造林株行距 3 m×4 m，采用株间混交配置，形成以防风固沙为主要目的的环村森林景观。

景观名称：防风固沙型环村森林景观（6）

技术要点：树种以杨树为主，造林株行距 3 m×5 m，形成以防风固沙为主要目的的环村森林景观。

图 3-6　防风固沙型环村森林景观

第四节　园林绿地

园林绿地是以绿化美化为主，兼顾生态防护、休闲游憩功能的环村绿地景观。主要选择常绿树种、高大乔木、花灌木、地被植物等，采用点、块、丛、带状自然式布局，营造乔、灌、草结合的复层植被群落景观；或充分利用地形起伏的条件，通过科学的规划和配置，形成高低错落、层次丰富的植物景观。树种选择上要因地制宜，体现特色，适量选择观花、观果、观叶的品种，如黄栌、侧柏、五角枫等。配置上以自然式带状、块状配置为主，提高景观美景度，体现森林的自然美和生态美。在近郊或经济条件较好的村镇可以通过绿化美化环境，适量布置园林小品或健身器材，为村镇居民提供优美的人居环境和休闲、游憩、健身的场所。

一、景观观赏型

景观观赏型环村森林景观即以观赏为主要目的的环村森林景观，如樱花、黄栌、连翘、杏梅等森林景观。典型实例见图3-7。

景观名称：景观观赏型环村森林景观（1）

技术要点：位于丘陵山区，乔木树种以黑松、杨树、柳树为主，灌木树种以美人梅为主，采用斑块状配置，形成以观赏为主要目的的环村森林景观。

景观名称：景观观赏型环村森林景观（2）

技术要点：位于丘陵山区，乔木树种以侧柏、麻栎为主，灌木树种以黄栌为主，采用近自然式配置，构成以观赏为主要目的的环村森林景观。

景观名称：景观观赏型环村森林景观（3）

技术要点：位于丘陵山区，乔木树种以杨树、泡桐为主，灌木树种以樱花为主，采用近自然式配置，构成以观赏为主要目的的环村森林景观。

景观名称： 景观观赏型环村森林景观（4）

技术要点： 乔木树种以黑松为主，伴生有云杉；灌木树种以连翘、樱花为主，采用近自然式配置，构成以观赏为主要目的的山丘环村森林景观。

景观名称： 景观观赏型环村森林景观（5）

技术要点： 乔木树种以柳树为主，采用近自然式栽植，株行距3 m×2～4 m；地被植物以非洲菊为主，形成以观赏为主要目的的环村森林景观。

景观名称：景观观赏型环村森林景观（6）

技术要点：位于平原区，树种为榆树、柳树、杨树等，不规则混交；灌木树种有碧桃、蔷薇、金银木等，组团式配置，形成近自然式的环村森林景观。

图 3-7　景观观赏型环村森林景观

二、休闲游览型

休闲游览型环村森林景观即以休闲游览功能为主要目的环村森林景观。如树木与观赏植物二月兰、樱花、郁金香等构成的森林景观。典型实例见图 3-8。

景观名称：休闲游览型环村森林景观（1）

技术要点：乔木树种为榆树、杨树，采用不规则式混交造林，林内种植二月兰和油菜花等地被植物，构成以休闲游览为主要目的的环村森林景观。

景观名称：休闲游览型环村森林景观（2）

技术要点：乔木树种为榆树、杨树，花灌木为海棠、碧桃、樱花等，采用组团式或规则式配置；绿篱为小龙柏，构成以休闲游览为主要目的的环村森林景观。

景观名称：休闲游览型环村森林景观（3）

技术要点：小乔木树种为樱花，采用行列式栽植，株距4～6 m，构成以休闲游览为主要目的的环村森林景观。

村镇森林景观

景观名称： 休闲游览型环村森林景观（4）

技术要点： 乔木树种为杨树，造林株行距3 m×5 m，灌木树种为碧桃，林下栽植不同品种郁金香，斑块状或群团状配置，构成以休闲游览为主要目的的环村森林景观。

景观名称： 休闲游览型环村森林景观（5）

技术要点： 乔木树种为柳树，株行距3 m×3～4，绿篱树种为大叶黄杨，草本植物为鸢尾等，采用乔草结合方式，配有园路等设施，构成以休闲游览为主要目的的环村森林景观。

景观名称：休闲游览型环村森林景观（6）

技术要点：乔木树种以国槐为主，采用组团式配置，花灌木为紫薇、杏梅等，绿篱为大叶黄杨，配有园路等设施，构成以休闲游览为主要目的的环村森林景观。

景观名称：休闲游览型环村森林景观（7）

技术要点：以竹类树种为主，采用群团式配置，配有园路、长条凳等设施，构成以休闲游览为主要目的的环村森林景观。

图 3-8　休闲游览型环村森林景观

三、自然美化型

自然美化型环村森林景观即以自然美化为主要目的的环村森林景观，如以杨树、柳树、松树等树种为主的森林景观。典型实例见图3-9。

景观名称：自然美化型环村森林景观（1）

技术要点：位于低山丘陵区，乔木树种以黑松、麻栎、柳树、水杉为主，采用近自然式混交，形成以自然美化为主要目的的环村森林景观。

景观名称：自然美化型环村森林景观（2）

技术要点：位于低山丘陵区，乔木树种以侧柏、杨树主，采用多树种不规则式栽植，形成以自然美化为主要目的的环村森林景观。

景观名称：自然美化型环村森林景观（3）

技术要点：乔木树种以侧柏、麻栎为主，灌木树种以黄栌、黄荆为主，采用近自然式配置，构成以自然美化为主要目的的环村森林景观。

景观名称：自然美化型环村森林景观（4）

技术要点：位于低山丘陵区，乔木树种以黑松、刺槐为主，采用近自然式混交，形成以自然美化为主要目的的环村森林景观。

景观名称：自然美化型环村森林景观（5）

技术要点：乔木树种以柳树为主，近自然式或不规则配置，伴生树种有杨树等混交，形成以自然美化为主要目的的环村森林景观。

景观名称：自然美化型环村森林景观（6）

技术要点：乔木树种以侧柏、刺槐为主，灌木树种以黄栌、黄荆为主，近自然式混交，形成以自然美化为主要目的的环村森林景观。

图 3-9　自然美化型环村森林景观

第四章 水岸森林景观

第一节 概述

水岸森林景观孕育着丰富的自然生态资源，拥有恬静优美的景观环境，包括河流绿化、库塘绿化、沟渠绿化等。水岸森林景观不仅能够提高村镇生态环境质量、保持水土、涵养水源，还能为人们提供休闲娱乐的空间环境。同时，对于形成优美的水岸景观，构建水系生态屏障，修复改善受污染的土壤和水体，以及生产林副产品等方面均有重要作用。

一、水岸森林景观功能

1. 护岸固堤、净化水质

树木强大的根系对于土壤具有强大的固持能力和吸附能力，能够防止河岸堤坝的侵蚀，阻止风浪对库岸的冲刷。许多湿生植物和水生植物具有良好的固堤护岸、净化水质的效果。

2. 调节和涵养水源

能够调节水系流量，分散、滞缓和改善河水流量，减少地表径流，变地表径流为地下径流，起到涵蓄降水、涵养水源的作用。

3. 防止河道、库塘淤积

通过水岸森林景观营建，能够减轻河岸崩蚀，防止水土流失，减少下泄的洪水流量和泥沙含量，减轻了洪水对河岸的冲击，并延缓和减轻河床、库塘淤积。

4. 提升绿化美化效果

水岸森林景观是提升水岸绿化美化效果的主要目标之一。村镇内河流和坑塘水岸空间较大，通过利用各种树木和花草植物对水岸周边湿地进行绿化、美化，营造出富有地域特色的优美的水岸森林景观，为人们提供休闲娱乐的绿色空间。

二、水岸森林景观建设原则

1. 因地制宜原则

根据村镇所处的自然环境和立地条件的特点，可选择具有耐水湿的优良树种和水生植物。植物选择要因地制宜，适地适树，根据当地的栽植习惯，选择适宜的乡土树种，体现地方特色。

2. 乡土化原则

水岸森林景观应以培育高大的耐水湿的乡土乔木树种为主。同时注重水生植物的搭配，不同岸段、不同水位、不同立地条件选择适宜的水生植物，营造不同的滨水植物群落，展示村镇的乡土特色和原始风貌。

3. 自然化原则

水岸森林景观建设应尽量采取近自然规划的形式。自然化的建设不同于传统的种植，它要求植物的搭配由高大树木、低矮灌木丛、花草和地被植物组成，应具有一定的层次和组合，应尽量符合水岸自然植被群落的结构特点，避免采用城市化的规则式的造园种植方式。

4. 生物多样性原则

应遵循自然水岸植物群落的组成、结构等规律，在水平结构上，选用防护价值高、耐水湿、无生物污染的树种，形成多树种混交林的森林景观模式；在垂直结构上，采用乔、灌、花、草立体种植配置，形成复层的景观配置模式，增强水岸植被生态系统的稳定性和观赏价值。

三、水岸森林景观造林树种

乔木树种：金丝垂柳、馒头柳、垂柳、毛白杨、悬铃木、白蜡、枫杨、水杉、大叶女贞、臭椿、苦楝、香椿、泡桐、楸树等。

水生植物：香蒲、唐菖蒲、芦苇、菱、浮萍、水葱、千屈菜、鸢尾、荸荠、水竹芋、凤眼莲、薄荷、睡莲等。

花灌木树种：海棠、连翘、丁香、紫叶李、紫薇、榆叶梅、樱花、金银木、木槿、紫荆、月季、蔷薇、石榴、竹等。

经济树种：樱桃、杏、枣、桃、石榴、核桃、山楂、板栗、苹果、梨等。

四、水岸森林景观类型划分

随着社会经济的发展，村镇生态环境有进一步恶化的趋势，主要表现为水土流失严重、土地荒漠化加速、水资源短缺、水质量下降、水体污染不断加剧等。水资源不仅是农业经济发展的命脉，而且是村镇生态系统中最生动和具有活力的要素之一。水岸森林景观不仅具有护坡、护岸、保持水土、净化水质的作用，更重要的是美化环境，为居民提供休闲娱乐场所及增加经济收入等功能，同时对村镇恶化的生态环境起到缓解和改善作用。水岸森林景观按其结构组成和水域特点可划分为河流绿地、库塘绿地、沟渠绿地3种景观类型组和6种景观类型。

第二节　河流绿地

河流绿地是开放系统，与其水生生态系统和其他边缘的陆地生态系统之间产生了强烈的能量、养分和物种交换。在河流两岸营造的森林景观，能保护堤岸，束水治沙，拦洪落淤，起到护岸、护滩和固堤的作用，保护两岸农田和村庄生态安全，并能提供木材等林产品。河流绿地景观应以营造河岸和堤坝森林景观为主。在河流岸边栽植能防浪护岸的耐水湿灌草植物，如簸箕柳、芦苇、香蒲等；在河流堤坝上栽植杨树、柳树等以乔木为主的防浪护滩林，并做到乔、灌、草植物的有机结合，并与水利工程措施相配合，主要起到防风和固堤的作用；堤坡种植耐旱、耐瘠薄的灌草植物，如紫穗槐、柽柳、狗牙根、结缕草、獐茅等，起到防止水土流失的作用；背水坡脚栽植乔、灌木树种，通过植物群落绿化配置，构建水岸森林生态屏障，修复受污染的土壤和水体，净化水质，改善湿地环境。河流绿地按其地貌特点划分为平原河流型、山丘河流型2种水岸森林景观类型。

一、平原河流型

平原河流型水岸森林景观是指在平原地区河流两岸造林绿化形成的森林景观。森林景观的营建应根据河道的冲刷情况和立地条件来确定。在平缓岸坡上可选择生长快、根蘖性强的树种，营造乔、灌混交林景观。在冲淘严重的陡岸，护岸林需与石砌护岸、丁坎等工程措施相结合。在石砌岸上应密植灌木，再向上可营造乔、灌混交林。丁坎间淤积泥沙后再行造林。在城郊村镇或经济发达村镇，对于绿化带宽30 m以上的河道，一面临水，空间开阔，另一面是环境优美的林荫道，可为村民提供休闲游憩的良好场所。一般在临近水面设置游步道或亲水平台。在风景好的地段可设计小广场或凸出岸边的平台，以便游人远眺和观光。可根据滨河地势高低设成1~2层平台，也可沿水边设置林荫道，形成较宽的景观绿化带。

如地势平坦、岸线整齐，可布置成规则式森林景观；地势起伏、岸线曲折，可采取自然式布置。一般可成行种植树木，岸边有栏杆，并放置座椅。若林荫道较宽时，还可布置草坪、花坛、树丛等，并设有雕塑、园灯等。典型实例见图4-1。

景观名称：平原河流型水岸森林景观（1）

技术要点：在河岸两侧栽植乔木树种柳树、杨树，水生植物有菖蒲、水葱等，近自然配置，以保护河岸河堤为主要目的。

景观名称：平原河流型水岸森林景观（2）

技术要点：乔木树种以柳树、杨树为主，采用块状或带状混交栽植，形成以固土护滩为主要目的的水岸森林景观。

景观名称：平原河流型水岸森林景观（3）

技术要点：在库岸上栽植乔木树种杨树，造林株行距 2 m×3 m，不规则式配置，形成以保护河流堤坝为主要目的的水岸森林景观。

景观名称：平原河流型水岸森林景观（4）

技术要点：在河岸两侧栽植乔木树种柳树、杨树，水生植物有菖蒲、水葱等，不规则式配置，以保护河岸河堤为主要目的。

景观名称：平原河流型水岸森林景观（5）

技术要点：在河岸两侧栽植乔木树种杨树、柳树，水生植物有菖蒲、芦苇等，不规则式配置，以保护河岸河堤为主要目的。

景观名称：平原河流型水岸森林景观（6）

技术要点：乔木树种以柳树为主，采用不规则式栽植，岸边配置芦苇、水葱等水生植物，形成以固土护滩为主要目的的水岸森林景观。

景观名称：平原河流型水岸森林景观（7）

技术要点：乔木树种为柳树、杨树，林内不规则地配置花灌木，以保护河岸为主要目的，同时兼顾休闲游览作用。

景观名称：平原河流型水岸森林景观（8）

技术要点：河道堤坝栽植乔木树种柳树、悬铃木，花灌木树种为樱花，行列式配置；坡面采用草坪草进行护坡，以固土护堤为主要目的，同时提供休闲游览的功能。

图 4-1 平原河流型水岸森林景观

二、山丘河流型

山丘河流水岸森林景观是指在山丘区河流两岸造林绿化形成的森林景观，其功能和作用是固持河堤、减轻洪水冲刷、保护堤坝安全。造林一般栽植枝叶茂密、根系发达的乔木或灌木树种，如松树、侧柏、刺槐、旱柳、紫穗槐、胡枝子等，形成乔、灌木树种混交、针阔叶树种混交的水岸森林景观。典型实例见图4-2。

景观名称：山丘河流型水岸森林景观（1）

技术要点：在河道两侧栽植乔木树种黑松、柳树等，灌木树种连翘、胡枝子等，近自然配置，以保护河岸和保持水土为主要目的。

景观名称：山丘河流型水岸森林景观（2）

技术要点：在河道两侧栽植乔木树种黑松、柳树等，灌木树种紫穗槐、胡枝子等，近自然配置，以保护河岸和保持水土为主要目的。

景观名称： 山丘河流型水岸森林景观（3）

技术要点： 在河道两侧栽植乔木树种旱柳、垂柳等，灌木树种连翘、紫荆、海棠、丁香等，近自然配置，以固土护岸为主要目的，同时兼顾休闲游览作用。

景观名称： 山丘河流型水岸森林景观（4）

技术要点： 在河道两侧栽植乔木树种杨树、柳树、黑松等，灌木树种紫穗槐、胡枝子等，近自然配置，以保护河岸和保持水土为主要目的。

景观名称：山丘河流型水岸森林景观（5）

技术要点：在河岸两侧栽植乔木树种柳树等，采用不规则式配置，以固土护岸为主要目的，同时兼顾休闲游览作用林。

景观名称：山丘河流型水岸森林景观（6）

技术要点：在河道两侧栽植乔木树种旱柳、垂柳等，灌木树种紫荆、连翘、丁香等，近自然式配置，以保护河岸为主要目的，同时兼顾休闲游览作用。

景观名称：山丘河流型水岸森林景观（7）

技术要点：乔木树种为柳树、杨树，林下不规则地配置花灌木紫荆、大叶黄杨等，以保护河流堤坝为主要目的，同时兼顾休闲游览作用。

景观名称：山丘河流型水岸森林景观（8）

技术要点：在河道两侧栽植乔木树种杨树、柳树、黑松等，近自然式配置，形成以保护河岸河堤为主要目的的水岸森林景观。

图 4-2　山丘河流型水岸森林景观

第三节 库塘绿地

库塘绿地包括库塘岸带绿化和库塘堤坝绿化。库塘岸带可在洪水线以下、常水位以上的部位，栽植耐水湿的灌木和芦苇等，以防止波浪的冲击，保护库岸。库塘堤顶绿化以栽植乔木为主，堤坡栽植灌木和草本植物，堤脚栽植较耐水湿的乔、灌木树种。库塘绿地是为了防止水库（塘）坝淤积和库岸冲淘、减少水面蒸发、防止库区附近土壤沼泽化等而营造的以林木为主体的水岸森林景观。库塘绿地按其地貌类型划分为平原库塘型、山丘库塘型2种水岸森林景观类型。

一、平原库塘型

平原库塘型水岸森林景观是指分布在平原区库塘周围岸线造林绿化形成的森林景观，其作用是防止边岸侵蚀，防止风浪对库岸的冲淘，减少水面蒸发。库塘岸线可分为常水位部位、最高水位部位、岸坡、转折部位和库边。常水位和最高水位之间的库岸，有被淹没的可能，可栽植耐水湿的灌木柳、紫穗槐等，减缓波浪冲淘岸基。最高水位至岸坡，可选用旱柳、枫杨、簸箕柳、紫穗槐等树种营造乔、灌木树种混交森林景观，起到吸收和调节地表径流、加固库塘岸带的作用。岸坡较陡、比较干旱、易发生崩塌的库塘地段，应选用根系发达、固持土壤作用强的树种，如杨树、柳树、水杉、刺槐、紫穗槐、白蜡条等，形成乔、灌混交森林景观。库塘岸带转折部位的土层薄、坡陡、易发生重力侵蚀，应选用耐旱且根系发达的灌木和藤本植物，如紫穗槐、连翘、锦鸡儿等，以发挥固土、护坡、护岸的作用。岸边土层深厚、地形平缓，立地条件好的库塘地段，可栽植速生用材树种或经济林树种，可减少库塘水面的蒸发，增加农民经济收入，改善生态环境。典型实例见图4-3。

景观名称：平原库塘型水岸森林景观（1）

技术要点：在库塘岸上栽植乔木树种柳树、杨树，不规则式栽植，组团式配置；岸线边沿采用自然生长的杂草固土护坡，以固土护岸为主要目的。

景观名称：平原库塘型水岸森林景观（2）

技术要点：乔木树种为柳树、水杉、雪松、杨树等，水生植物以芦苇为主，组团式配置，以保护库塘岸线为主要目的。

景观名称：平原库塘型水岸森林景观（3）

技术要点：在平原区库塘岸边栽植乔木柳树、白蜡树，孤植或群植，不规则配置；岸边和水中采用水葱、菖蒲、鸢尾等植物固土护坡，以护岸固堤为主要目的。

景观名称：平原库塘型水岸森林景观（4）

技术要点：在平原区库塘岸边栽植乔木柳树、白蜡，不规则配置；岸边和水中采用菖蒲、芦苇、鸢尾等植物，以护岸固堤为主要目的。

景观名称：平原库塘型水岸森林景观（5）

技术要点：在平原区库岸上栽植乔木柳树、栾树、红枫等，采用组团式配置；湿生植物为水葱、菖蒲、鸢尾等，以护岸固堤为主要目的。

景观名称：平原库塘型水岸森林景观（6）

技术要点：在平原区库塘岸边栽植乔木柳树、杨树，近自然式配置；岸边和水中采用芦苇、菖蒲、鸢尾等植物，以护岸固堤为主要目的。

景观名称： 平原库塘型水岸森林景观（7）

技术要点： 在平原区库岸上栽植乔木杨树，采用行列式配置；岸线边沿采用菖蒲、鸢尾等植物固土护坡，形成库塘水岸森林景观。

景观名称： 平原库塘型水岸森林景观（8）

技术要点： 库塘岸边乔木以杨树、柳树为主，组团式配置；灌木有大叶黄杨、连翘等，岸坡采用小龙柏等植物护坡，形成库塘水岸森林景观。

图 4-3　平原库塘型水岸森林景观

二、山丘库塘型

山丘库塘型水岸森林景观是指在山丘区库塘周围岸线造林绿化形成的水岸森林景观，其具有固持土壤、保护坝堤、减轻波浪对库塘坝堤的冲淘、保护库塘安全的作用。在坝堤迎水坡常水位到最高水位之间，营造灌木柳为主的防浪灌丛；最高水位以上可栽植紫穗槐、白蜡条等树种的灌木林。坝堤顶部中间留出道路，两侧栽植灌木和种植花草。背水面自坡脚至坝顶部、地势平坦地段多采用根系发达、固持土壤作用强的树种，如松树、侧柏、麻栎、刺槐、紫穗槐、胡枝子等造林。背水坡脚以下地段，由于坝堤的侧渗，地下水位较高，可栽植耐水湿的树种，如杨树、柳树、紫穗槐、白蜡条等树种，起到生物排水作用，降低地下水位，防止土壤沼泽化，并能生产部分木材和编条，提高农民经济收入。典型实例见图4-4。

景观名称：山丘库塘型水岸森林景观（1）

技术要点：库塘岸边乔木以柳树、杨树为主，组团式配置；灌木有紫穗槐、胡枝子等，形成以护岸护坡为主要目的的水岸森林景观。

景观名称：山丘库塘型水岸森林景观（2）

技术要点：库塘岸边乔木以柳树、杨树、榛子为主，近自然式配置；灌木有紫穗槐、胡枝子等，形成以护岸护坡为主要目的的水岸森林景观。

景观名称：山丘库塘型水岸森林景观（3）

技术要点：乔木树种以柳树、水杉为主，灌木树种以水蜡、连翘为主，近自然式配置，以固土护岸为主要目的，同时兼顾休闲游览作用。

景观名称：山丘库塘型水岸森林景观（4）

技术要点：在库岸上栽植乔木树种柳树、刺槐、麻栎等；灌木树种为胡枝子、荆条等，近自然式配置，主要功能是起到固土护岸的作用。

景观名称：山丘库塘型水岸森林景观（5）

技术要点：在库岸上栽植乔木树种板栗、杨树、黑松、刺槐等，灌木树种为胡枝子、荆条等，近自然式配置，主要功能是起到固土护岸的作用。

景观名称： 山丘库塘型水岸森林景观（6）

技术要点： 乔木树种以黑松、麻栎、杨树、柳树为主，灌木树种以黄荆、胡枝子为主，近自然式配置，形成以固土护岸为主要目的的水岸森林景观。

景观名称： 山丘库塘型水岸森林景观（7）

技术要点： 在库岸上栽植乔木树种侧柏、柳树、刺槐等，灌木树种为胡枝子、荆条等，近自然式配置，主要功能是起到固土护岸的作用。

景观名称： 山丘库塘型水岸森林景观（8）

技术要点： 在库岸上栽植乔木树种柳树，造林株行距 5 m×3 m，"品"字形栽植；灌木树种为蔷薇等；坡面采用草坪草进行护坡，增加固坡护堤的能力。

图 4-4　山丘库塘型水岸森林景观

第四节　沟渠绿地

沟渠是指村镇周围及农田内以灌溉或排涝为主要目的而修建的水沟或水渠的统称。农田灌溉常利用江河之水，通过地面上所开之"沟"即水沟，引入农田；水渠是人工开凿的水道，它有干渠、支渠和斗渠之分。干渠与支渠一般用石砌或水泥筑成，斗渠是人工开挖的水道。沟渠绿地是指在水沟和水渠上营建的以木本植物为主体的森林植被群落。一般沟渠两侧堤坝全部实行绿化，树种选择原则：乔木树形优美、耐水湿；水生植物能观花、观叶，具有一定的景观效果。可供选择的树种有杨树、柳树、枫杨、水杉、悬铃木、泡桐、木槿、紫穗槐、白蜡条等。一般分为平原沟渠型和山丘沟渠型 2 种水岸森林景观类型。

一、平原沟渠型

平原沟渠型水岸森林景观即以农田灌溉和排涝为主要目的水岸森林景观，如杨树、柳树、黑松等森林景观。典型实例见图 4-5。

≫ 村镇森林景观

景观名称：平原沟渠型水岸森林景观（1）

技术要点：在大型沟渠两侧栽植乔木树种柳树等，堤坡采用图案式栽植方法，配置小叶黄杨和紫叶小檗等，采用规则式配置，既能固堤护坡，又能兼顾休闲游览。

景观名称：平原沟渠型水岸森林景观（2）

技术要点：乔木树种以柳树、杨树为主，采用块状或带状不规则配置，形成以固土护滩为主要目的的沟渠型水岸森林景观。

景观名称：平原沟渠型水岸森林景观（3）

技术要点：在大型沟渠两侧栽植乔木树种杨树、龙柏，行列式栽植，株行距 2 m×3～5 m，主要作用是固堤护坡，保持水土。

景观名称：平原沟渠型水岸森林景观（4）

技术要点：在大型沟渠两侧栽植乔木树种杨树等，灌木树种为木槿，采用行列式栽植，主要作用是发挥农田防护作用。

景观名称： 平原沟渠型水岸森林景观（5）

技术要点： 在大型沟渠两侧栽植乔木树种柳树、杨树等，采用行列式配置，主要作用是固堤护坡，保持水土。

景观名称： 平原沟渠型水岸森林景观（6）

技术要点： 河道堤坝两侧栽植乔木树种柳树，行列式栽植；花灌木树种为连翘、大叶黄杨等。坡底采用砌石墙进行护坡，以达到固土护堤、保持水土的目的。

图4-5 平原沟渠型水岸森林景观

二、山丘沟渠型

山丘沟渠型水岸森林景观是在山丘区沟渠两侧造林绿化形成的森林景观，具有保护沟渠、固持土壤，保护坝堤安全等作用。典型实例见图4-6。

景观名称： 山丘沟渠型水岸森林景观（1）

技术要点： 在沟渠两侧栽植小乔木树种海棠等，行列式栽植；灌木树种为水蜡，水生植物为菖蒲、水葱、鸢尾等，既能固堤护坡、净化水质，又能兼顾休闲游览的需要。

景观名称： 山丘沟渠型水岸森林景观（2）

技术要点： 在沟渠两侧栽植乔木树种柳树等，行列式栽植；灌木树种为海棠、美人梅，株间混交，既能固堤护坡、净化水质，又能兼顾休闲游览的需要。

景观名称：山丘沟渠型水岸森林景观（3）

技术要点：在沟渠两侧栽植乔木树种杨树，不规则式栽植；灌木树种为水蜡，护坡为小叶黄杨，既能固堤护坡、净化水质，又能兼顾休闲游览的需要。

景观名称：山丘沟渠型水岸森林景观（4）

技术要点：在沟渠两侧栽植乔木树种水杉、柳树等，组团式栽植；灌木树种为连翘、荀子、小叶女贞等，水生植物为水葱、鸢尾等，既能固堤护坡、净化水质，又能兼顾休闲游览的需要。

景观名称： 山丘沟渠型水岸森林景观（5）

技术要点： 河道堤坝两侧栽植乔木树种柳树，花灌木树种为樱花、紫叶李、小叶黄杨球、小叶女贞球等，坡底采用砌石墙进行护坡，以达到固土护堤的目的。

景观名称： 山丘沟渠型水岸森林景观（6）

技术要点： 在河道两侧的堤坝下角栽植乔木树种柳树，堤坝顶部栽植2行皂荚树，坡面采用草坪草护坡，以固土护堤为主要目的。

图4-6 山丘沟渠型水岸森林景观

第五章 游憩森林景观

第一节 概述

游憩森林景观是人们进行户外游憩活动的森林场所。游憩是人们离开日常环境的一种与日常生活方式不同的没有承担义务的活动。虽然游憩的方式很多，但结果是一样的，即振奋精神、恢复体力、培养积极性和对未来生活的憧憬。为了给居民提供更多的森林游憩的场所，全国各地村镇附近或偏远山区，利用森林公园、风景名胜区、旅游度假区、观光产业园等森林资源和风景名胜资源营造了一些各具特色的游憩森林景观，不仅满足了当地居民的休闲、游憩的需求，而且提高了村镇的经济收入、带动了其他产业的发展。游憩森林景观建设要与大面积山林有机结合，与周围自然山、水相融合，创造具有文化底蕴的森林景观。也可运用具有观赏价值的植物的外形或植物群落的外貌，充分显示森林景观的自然美和生态美；在有水体的区域，可种植荷花、睡莲等水生植物，形成景色优美的水体景观；在区域林间空地点缀一些园林建筑、设置座椅等小品，起到提升和点缀森林景观的作用。

一、游憩森林景观主要功能

1. 观赏游憩功能

游憩森林景观是自然风景，当游人步入森林，就能见到乔木参天、灌木葱郁、野花遍地、芳草如茵的场景。随着森林景观的季相变换，可历览春花烂漫、夏荫浓绿、秋叶殷红、冬枝苍劲；再聆听溪水潺潺、松涛起伏、禽鸟争鸣，使人顿觉摆脱闹市的喧哗，获得精神的愉悦。

2. 净化环境功能

游憩森林的气候具有气温较低、昼夜温差较小、湿度较大等特点，更加舒适宜人。森林还能吸附过滤各种粉尘，吸收空气中一些有害物质，杀死空气中的一些致病细菌；加上森林中氧气含量较大，能产生大量有益健康的负氧离子，所以森林空气格外清新。

游憩森林具有涵养水源的作用，经过滤的地下水含杂质少，清澈而卫生。森林中避免了城市的噪声污染，减弱太阳光的紫外线辐射，使人们能消除眼睛和心理的疲劳，获得精神和心理上的舒适感觉。

3. 强身健体功效

人们在宜人的森林环境中游憩，具有很强的参与性。徒步旅行、爬坡越岭，有时还可利用当地条件，参加登山、攀岩、游泳、划船等运动项目，进行体育锻炼，增强了体质。森林为人们提供风景优美、环境幽静、空气清新的游憩环境，有利于身心健康，达到强身健体的目的。

4. 回归自然要求

人们离开城市或喧闹的乡村，来到风景优美、环境宜人的森林环境，在休憩的同时，能够了解森林生态系统、生物多样性、珍稀动植物等方面的知识，到森林中去观察自然、认识自然、探求大自然的奥妙，满足"走向大自然"的要求。

5. 生态防护功能

游憩森林景观多集中于城市远郊的森林公园、湿地公园和风景名胜区等范围中，森林在提供观赏游憩功能的同时，还发挥着涵养水源、保持水土、调节气候、改良土壤、蕴藏物种等多种生态防护功能和作用。

二、游憩森林景观建设原则

1. 与村镇总体规划相衔接，体现村镇人文特色

自然地理是表现村镇特色的一个基础因素，把握有利条件并对其进行利用、引导，直观体现出一个村镇的特色。在规划、建设村镇游憩森林景观的过程中可充分利用各自的自然地理条件，创造出颇具特色的自然景观。

2. 统筹规划，因地制宜

游憩森林景观在规划和建设时应注重科学布局、突出重点、合理规划，结合实际条件，宜林则林，宜果则果，调整林业产业内部结构，以此为基础来建立可持续发展的林业生态循环体系。重点规划具有地域特色的区域，在保证不破坏原有特色的前提下进行适度改造，建设成整体规划中的亮点。

3. 充分考虑经济和文化效益

游憩森林景观的作用除了考虑生态和景观效益外，经济效益和文化价值也不容忽视。在规划和建设时，应注重经济和文化方面的发展，充分调动人们的建设积极性，发挥主观能动性和创造性，使游憩森林景观的建设工作更快更好地进行。

4. 多层次、多色彩、多功能相结合

游憩森林景观的规划应以生态美和景观美为基础，建设多层次、多色彩、多功能的森林景观，弥补单层、纯林结构的不足。以绿化、美化、香化为目的，乔、灌、草结合，纯林与混交林结合，常绿树种与落叶树种结合，观赏树种与生产树种结合，形成多样化产业结构格局，充分发挥多林种优化配置的作用。

5. 景观效果与生物多样性结合

生物多样性保护与可持续发展是人类环境与经济发展的重要基础，因此，游憩森林景观在树种选择上应注重景观效果与生物多样性的有机结合。将乔、灌、草、藤有机结合，常绿与落叶混交，观叶、观花、观果相结合，构成多样化植被景观类型。同时，植物种类多样化大大提高森林的生态稳定性，减少由于单一树种或林种而引起的大规模的病虫害现象发生。

三、游憩森林景观造林树种

乔木树种：赤松、黑松、麻栎、辽东栎、油松、杨树、榆树、白皮松、华山松、蒙古栎、山桃、山杏、悬铃木、国槐、刺槐、元宝枫、黄栌、白蜡、水杉、侧柏、柳树等。

灌木树种：胡枝子、紫穗槐、黄栌、黄荆、杜鹃、酸枣等。

经济树种：桃、梨、核桃、柿树、板栗、枣树、山楂、香椿等。

景观树种：樱花、连翘、榆叶梅、紫薇、丁香、银杏、海棠、碧桃、紫荆、石楠、月季、栾树等。

四、游憩森林景观类型划分

随着经济的发展，人们的生活水平不断提高，对游憩环境的需求越来越强烈，特别是对具有游憩景观价值的休闲场所的需求更为迫切。在村镇区域内分布着各种游憩景观绿地，这些绿地为净化空气、改善气候、增强村镇抗灾减灾能力起着重要作用，也满足了当地居民休闲游憩的需求。同时，也使城市居民从拥挤、噪声、污染环境中走进郊野、走进丛林、获得一份大自然的恩赐。因此，游憩森林景观也成了人们户外生态旅游、康养保健和休闲娱乐的重要目的地。根据游憩森林景

观中林种属性和功能作用不同，游憩森林景观可划分为生态旅游绿地、生态风景绿地和生态保护绿地3种景观类型组和9种景观类型。

第二节　生态旅游绿地

生态旅游绿地是以森林资源为载体，以自然景观为依托，以人文景物为点缀，通过科学规划、合理开发、综合利用，为人们提供游览观光、休闲疗养、避暑度假、自然科普等旅游活动的场所。在森林生态旅游开发过程中，要从区域的实际出发，发挥区域优势，突出区域特点，以良好的森林景观和生态环境为主要旅游资源，利用森林及其环境的多种功能开展旅游活动，如观光、度假、避暑、旅行、探索等。其目的在于享受清新、轻松、舒畅的自然与人的和谐气氛，探索和认识自然，增进健康，陶冶情操，接受环境教育，享受自然和文化遗产等。生态旅游绿地一般分为自然风光型、休闲观光型、产业观光型3种游憩森林景观类型。

一、自然观光型

自然观光型游憩森林景观主要分布在远郊或深山区，以中景、远景风景林为主，林分可及度小，属于距离村镇路程较远的大面积自然森林。这种森林景观具有绿化治理荒山荒坡、调节气候、涵养水源、保持水土等作用，是一种以旅游游憩为主体功能，兼具生态防护、水源涵养、水土保持等功能的远郊森林。它以独有的资源和地理优势满足村镇居民回归自然、认识自然、放松身心、缓解压力的愿望，"自然""古朴"和"野趣"是其基本的构思原则。树种选择与配置采用乔灌混交、针阔混交，工程措施与生物措施相结合的方法，建设以水源涵养、保持水土为主导功能的森林植被，在空间和季节上具有地方特色，形成景观优美、生物多样性显著的植被生态系统。在植物的选择上，根据当地的地形地貌、风土人情，选择地域性强的乡土树种，体现地方特色，其中的各类森林景观也应有本土的绿化基调。植物的布置应采用自然式布局，尽量少采用规则的整形，尽可能营造各具特色的乡土森林景观，以发挥植物的自然美。营建时应用植物生态位互补、互惠共生的生态学原理，适当地选择观赏效果较好，如彩叶、观花、观果的树种；采用仿自然的植被配置模式，充实提高游憩森林景观的观赏性，如四季常绿、早春开花、夏季冠大荫浓、秋景彩叶、冬季落叶的特殊形态等。不同地段根据天然分布特点进行"不同树种、不同密度、不同组成、不同模式"的小尺度斑块植被景观建设，构建乔、灌、草复层搭配的植被群落景观；要求森林的植物配置与造景在大尺度和季节上具有不同的特色和较高的美景度，形成多姿多彩的自然森林景观。典型实例见图5-1。

景观名称：自然观光型游憩森林景观（1）

技术要点：树种以黑松、刺槐为主，灌木树种有杜鹃、黄荆等，近自然式群落配置，形成具有地方特色的游憩森林景观。

景观名称：自然观光型游憩森林景观（2）

技术要点：乔木树种以麻栎为主，伴生树种有黑松、刺槐、黄荆等，近自然式群落配置，形成具有地方特色的游憩森林景观。

景观名称：自然观光型游憩森林景观（3）

技术要点：乔木树种为旱柳，近自然式配置；地被植物以非洲菊为主，构成乔、草结合的游憩森林景观。

景观名称：自然观光型游憩森林景观（4）

技术要点：山坡中上部以侧柏为主，山坡下部伴生有柳树、刺槐、黑松等，灌木树种为连翘、荆条等，近自然式配置，形成自然观光型游憩森林景观。

景观名称： 自然观光型游憩森林景观（5）

技术要点： 乔木树种以侧柏、麻栎、柳树为主，灌木树种以黄栌、胡枝子为主，近自然式群落配置，形成具有地方特色的游憩森林景观。

景观名称： 自然观光型游憩森林景观（6）

技术要点： 乔木树种以侧柏、麻栎、杨树为主，灌木树种以黄栌、黄荆为主，近自然式配置；花灌木为碧桃，形成自然观光型游憩森林景观。

景观名称：自然观光型游憩森林景观（7）

技术要点：乔木树种以五角枫、银杏为主，近自然式群落配置，形成自然观光型游憩森林景观。

景观名称：自然观光型游憩森林景观（8）

技术要点：乔木树种以柳树、杨树、水杉为主，灌木树种以水蜡、连翘为主，近自然式群落配置；水生植物以荷花为主，形成近自然的游憩森林景观。

景观名称：自然观光型游憩森林景观（9）

技术要点：乔木树种以水杉、元宝枫、柳树为主，灌木树种以水蜡、蔷薇为主，近自然式群落配置，配有长条凳等，形成具有地方特色的游憩森林景观。

景观名称：自然观光型游憩森林景观（10）

技术要点：乔木树种以五角枫、侧柏、麻栎、桧柏为主，灌木树种以黄栌、黄荆为主，近自然式群落配置，形成具有地方特色的游憩森林景观。

景观名称：自然观光型游憩森林景观（11）

技术要点：乔木树种以黑松、侧柏为主，灌木树种以黄荆、胡枝子为主，近自然式群落配置，形成自然观光型游憩森林景观。

图 5-1　自然观光型游憩森林景观

二、休闲观光型

该类型森林景观模式适合平原、丘陵山区，以采摘、休闲和特色观光为主要功能，绿化模式以休闲娱乐、旅游观光为主，以丰富园林景观为辅，营造自然、优美、突出地方特色的田园风光。近郊农村可以根据自身条件和优势，把建设生产与观光游览相结合，引导农户对特色经济林的种植进行品种优化，扩大种植规模，改善周边环境，体现村镇农耕文化。绿化上以具有当地特色的经济树种为主，以园林花木为辅，种植大面积的观赏树木、特色花卉等植物，打造自然、优美的田园景色，突出乡土气息，充分利用地方特色经济带动观光、休闲产业，为产业经济的发展和农民的增收提供了良性循环。典型实例见图5-2。

景观名称：休闲观光型游憩森林景观（1）

技术要点：乔木树种为白蜡、红枫、雪松和黑松等，不规则栽植，3～5株组团式配置，既能达到绿化美化的效果，又能增强休闲观光功能。

景观名称：休闲观光型游憩森林景观（2）

技术要点：乔木树种为黑松、刺槐等，灌木树种以杜鹃、连翘为主，不规则栽植，近自然配置，既能达到绿化美化的效果，又能增强休闲观光功能。

景观名称：休闲观光型游憩森林景观（3）

技术要点：乔木树种为柳树等，不规则栽植，组团式配置；地被植物为非洲菊，形成休闲观光型游憩森林景观。

景观名称：休闲观光型游憩森林景观（4）

技术要点：乔木树种为黑松等，灌木树种为连翘，不规则栽植，组团式配置，形成休闲观光型游憩森林景观。

景观名称：休闲观光型游憩森林景观（5）

技术要点：树种为海棠等，不规则栽植，组团式配置，形成休闲观光型游憩森林景观。

景观名称：休闲观光型游憩森林景观（6）

技术要点：乔木树种为樱花等，不规则栽植，组团式配置；灌木树种为红叶石楠、连翘、大叶黄杨等，形成休闲观光型游憩森林景观。

>> 村镇森林景观

景观名称：休闲观光型游憩森林景观（7）

技术要点：乔木树种为银杏，株行距2 m×4 m，块状或带状配置，形成休闲观光型游憩森林景观。

景观名称：休闲观光型游憩森林景观（8）

技术要点：乔木树种为黄连木、国槐、垂柳、雪松、龙柏等，灌木树种以丁香、紫叶李、木槿、樱花、紫薇为主，采用多树种不规则栽植方式，形成休闲观光型游憩森林景观。

景观名称：休闲观光型游憩森林景观（9）

技术要点：乔木树种为侧柏、刺槐、柳树等，采用多树种不规则栽植方式，形成休闲观光型游憩森林景观。

景观名称：休闲观光型游憩森林景观（10）

技术要点：花灌木树种为美人梅，采用不规则栽植方式，形成休闲观光型游憩森林景观。

景观名称：休闲观光型游憩森林景观（11）

技术要点：乔木树种为黑松、五角枫、龙柏等，灌木树种以美人梅、紫叶李、大叶黄杨为主，采用多树种不规则混交方式，形成休闲观光型游憩森林景观。

景观名称：休闲观光型游憩森林景观（12）

技术要点：乔木树种为水杉、雪松等，灌木树种以樱花为主，采用多树种不规则栽植方式，形成休闲观光型游憩森林景观。

景观名称：休闲观光型游憩森林景观（13）

技术要点：树种为桃树，规则式栽植，株行距3～4 m×4～5 m，形成休闲观光型游憩森林景观。

图5-2　休闲观光型游憩森林景观

三、产业观光型

产业观光型游憩森林景观选择的经济林树种应具有生长快、收益好、产量高、质量好、抗性强、观赏价值高等优良性状,同时兼有低耗水、耐干旱等特点。本着名、优、特、新和具有市场发展潜力的原则,重点选择具有良好经济性状的品种和类型,突出地方特色。如优质梨、苹果、桃、葡萄四大鲜果树种,李、杏、樱桃、枣等数十个小树种,建起品种多样,早、中、晚熟品种搭配合理的名、优、特、稀果品生产基地。建设重点在于打造本土特色经济林、花果经济林,改善生态环境,增加经济收益,提供一个常年郁郁葱葱,具有季节和色彩变化的乡土特色的植被景观。树种选择主要有苹果、梨、大樱桃、枣、核桃、板栗等经济林果树种,以提高果业综合效益为目的的特色果园。例如全国闻名的枣庄市峄城万亩石榴园,因具有独特的地理环境,石榴个大、籽软、味甜,成熟季节晚,以传统文化为内涵,以休闲、求知、观光、采摘为载体,依托乡土树种和当地材料,创造出简洁、质朴、美观的园林景观,吸引大批市民前往采摘、游玩,是附近居民不可多得的适宜于观赏、休闲的好去处。另外,近郊农村可以根据自身优势条件,建设生产与观光相结合的苗圃、果园、花卉等观光园,为城市居民提供丰富的观光采摘、乡村体验的休憩场所。典型实例见图5-3。

景观名称:产业观光型游憩森林景观(1)

技术要点:经济树种为梨树,栽植株行距4 m×5 m,形成一种集果品生产和观光采摘为一体的梨园景观。

景观名称：产业观光型游憩森林景观（2）

技术要点：经济树种为桃树，栽植株行距3～4m×5～6m，采用人工种植方式建立果园，形成一种集果品生产和观光采摘为一体的游憩森林景观。

景观名称：产业观光型游憩森林景观（3）

技术要点：主栽树种为海棠，栽植株行距2～3 m×3～4 m，形成一种集苗木生产和休闲观光为一体的游憩森林景观。

景观名称：产业观光型游憩森林景观（4）

技术要点：乔木树种为水杉、杨树等，造林株行距 3 m×5 m，林下栽植不同品种郁金香，斑块状或带状配置，既能达到绿化美化效果，又能增强生态旅游功能。

景观名称：产业观光型游憩森林景观（5）

技术要点：乔木树种为杨树、雪松，不规则式栽植，林下或林中隙地栽植不同品种非洲菊、串串红、熏鱼草等，环状、斑块状或带状配置，既能达到绿化美化效果，又能增强生态旅游功能。

景观名称：产业观光型游憩森林景观（6）

技术要点：乔木树种为桃树，不规则式栽植，林下或林中隙地栽植不同品种牡丹，条状或带状配置，既能达到绿化美化效果，又能增强生态旅游功能。

》村镇森林景观

景观名称：产业观光型游憩森林景观（7）

技术要点：乔木树种为松树、麻栎、刺槐等，不规则式栽植，林下或林中隙地种植茶园，条状或带状配置，形成林茶结合的产业观光型游憩森林景观。

景观名称：产业观光型游憩森林景观（8）

技术要点：乔木树种为杨树，结合杨树防护林的整枝特点，在林下种植二月兰等观赏性的地被植物，建立观光产业园，增强其生态旅游功能。

景观名称：产业观光型游憩森林景观（9）

技术要点：乔木树种为白榆，结合白榆的整枝特点，林下或林中隙地种植油菜花等观赏性强的地被植物，建立观光产业园，增强其生态旅游功能。

图 5-3　产业观光型游憩森林景观

第三节　生态风景绿地

生态风景绿地是由不同类型的森林植物群落组成，是森林资源的一个特殊类型，主要以发挥森林游憩、欣赏和疗养为经营目的，是自然景观的重要组成部分。但它同城市园林绿地是有区别的，城市园林中的人工群落一般管理较精细，不易被其他外来树种侵入，而生态风景绿地中的群落面积较大，与大自然紧密相连，极易发生群落的演替。因此在营建生态风景绿地时应充分考虑并科学运用这一规律。生态风景绿地主要分布在风景名胜区、森林公园、旅游度假区及公共游览场所内的森林绿地。一般这些地域位于村镇建成区之外，属于自然森林植被占主导地位的森林景观，是自然的或经人为创造的，并以美为特征的一种供游憩欣赏的空间环境。

生态风景绿地是以改善生态环境和促进社会经济可持续发展为目标，坚持以人为本，充分运用生态保育理论，对自然生态的维护、养育与妥善利用，坚持从实际出发、科学布局、适地适树的原则，以提高村镇生态景观开发与利用价值为前提，大力发展森林美学和弘扬森林文化，努力建设层次明晰、结构稳定、树种多样、功能完善的森林景观生态系统，实现造林绿化建设的生态、社会、经济和景观效益的统一，满足广大群众对环境的需求。生态风景绿地按其自然属性和主导功能划分为自然风光型、康养保健型和观赏游览型3种游憩森林景观类型。

一、自然风光型

自然风光型游憩森林景观多分布在近山低山、河边溪旁、道路两侧、旅游景点周围，以观赏价值较高的自然森林植物群落为主体。森林景观要求既有改善生态环境质量的功能，还能为人们提供游览观光、休闲健身等作用。植物配置要求有提高林地空气负氧离子、分泌杀菌祛病物质、无花粉污染的树种，进行近自然式片、带、网状配置。把风景名胜资源和自然风景资源相结合，形成一个完善的、多功能的、自然质朴的休闲游赏空间，起到减缓压力和愉悦心情等功能。根据功能的侧重点不同，选择树种首先应尊重自然规律，同时按照干形、冠形、叶、花、果等的观赏效果进行。此外，还可以从树种的某一突出观赏特点来选择，主要树种有山桃、山杏、樱花、悬铃木、银杏、栾树、国槐、元宝枫、黄栌、白蜡、栎类树、油松等，提高森林景观的美景度，体现自然美和景观美。典型实例见图5-4。

景观名称：自然风光型游憩森林景观（1）

技术要点：乔木树种以侧柏、麻栎等为主，灌木树种以黄栌、黄荆为主，近自然式混交，形成自然风光型游憩森林景观。

景观名称：自然风光型游憩森林景观（2）

技术要点：乔木树种以黑松、麻栎等为主，灌木树种以黄荆、胡枝子为主，近自然式混交配置，形成自然风光型游憩森林景观。

景观名称：自然风光型游憩森林景观（3）

技术要点：乔木树种以侧柏、杨树等为主，灌木树种以黄栌、黄荆等为主，分散式混交配置，形成自然风光型游憩森林景观。

景观名称：自然风光型游憩森林景观（4）

技术要点：乔木树种为水杉，造林株行距2 m×3 m，形成自然风光型游憩森林景观。

景观名称：自然风光型游憩森林景观（5）

技术要点：乔木树种为银杏，造林株行距2 m×3 m，形成自然风光型游憩森林景观。

景观名称：自然风光型游憩森林景观（6）

技术要点：乔木树种为赤松，不规则式造林，每公顷（hm^2）2500～3000株，形成自然风光型游憩森林景观。

景观名称：自然风光型游憩森林景观（7）

技术要点：乔木树种为杨树，造林株行距 2~3 m×5~6 m，形成自然风光型游憩森林景观。

景观名称：自然风光型游憩森林景观（8）

技术要点：水生植物为芦苇、菖蒲等，近自然式配置，形成自然风光型游憩森林景观。

景观名称：自然风光型游憩森林景观（9）

技术要点：经济树种以梨树为主，采用近自然配置方式，形成一种集果品生产和观光旅游为一体的游憩森林景观。

景观名称：自然风光型游憩森林景观（10）

技术要点：乔木树种为侧柏、麻栎等，灌木树种为黄栌、黄荆等，近自然式混交配置，形成自然风光型游憩森林景观。

景观名称：自然风光型游憩森林景观（11）

技术要点：乔木树种为侧柏、麻栎、刺槐等，灌木树种为黄栌、黄荆等，近自然式混交配置，形成自然风光型游憩森林景观。

景观名称：自然风光型游憩森林景观（12）

技术要点：乔木树种以刺槐、黑松为主，近自然式混交配置，形成自然风光型游憩森林景观。

图 5-4 自然风光型游憩森林景观

二、康养保健型

游憩森林景观中的许多树木，一方面能够散发出植物芳香气体、空气负离子等对人体有益的气体，另一方面其形成的绿色景观、静谧或和谐的声音环境对人的心情、精神等产生有益的调节和促进作用，从而达到医病疗养作用，适宜开展游憩、度假、疗养、保健、休闲、养老等活动。游憩森林景观能使人们通过在森林中徒步、观光、呼吸、运动等户外游憩、健身活动，消除疲劳，放松心情，恢复精力，增长知识。近年来，随着森林康养产业的蓬勃发展，全国各地因地制宜形成了多样化的康养保健产业发展模式，游憩森林是人们亲近生物、回归自然、享受健康的理想去处。典型实例见图5-5。

景观名称：康养保健型游憩森林景观（1）

技术要点：乔木树种以刺槐为主，灌木树种为海棠、月季、蔷薇等，采用复层近自然混交配置，形成游憩森林景观。

景观名称： 康养保健型游憩森林景观（2）

技术要点： 乔木树种以侧柏、刺槐为主，灌木树种为海棠、樱花、绣球荚蒾等，林下种植草坪草，采用复层近自然配置，形成游憩森林景观。

景观名称： 康养保健型游憩森林景观（3）

技术要点： 乔木树种以黑松、刺槐为主，花灌木树种为金银木、丁香、碧桃等，林下种植草坪草，采用复层近自然配置，形成游憩森林景观。

景观名称：康养保健型游憩森林景观（4）

技术要点：乔木树种以刺槐为主，灌木树种为海棠、月季、蔷薇和大叶黄杨等，地被植物为非洲菊等，采用复层近自然配置，形成游憩森林景观。

景观名称：康养保健型游憩森林景观（5）

技术要点：乔木树种以毛白杨、黑松为主，灌木树种以美人梅、金叶女贞、丁香、贴梗海棠为主，采用近自然配置方式，形成游憩森林景观。

景观名称： 康养保健型游憩森林景观（6）

技术要点： 乔木树种以山杏、桧柏为主，灌木树种为榆叶梅、大叶黄杨、小叶女贞等，林下为草坪草，采用复层近自然配置，形成游憩森林景观。

景观名称： 康养保健型游憩森林景观（7）

技术要点： 乔木树种以柳树、雪松、白皮松为主，灌木树种为大叶黄杨、小龙柏等，采用复层近自然混交配置，形成游憩森林景观。

景观名称：康养保健型游憩森林景观（8）

技术要点：乔木树种为国槐、白蜡、榆树、杨树、蜀桧、龙柏等，采用不规则式混交配置；灌木树种有小叶女贞、金银木、榆叶梅、紫荆等，采用组团式配置。

景观名称：康养保健型游憩森林景观（9）

技术要点：乔木树种以雪松、国槐为主，灌木树种为紫薇、桧柏球等，绿篱为大叶黄杨、细叶小檗等，林下为草坪草，采用复层混交配置，形成游憩森林景观。

景观名称：康养保健型游憩森林景观（10）

技术要点：乔木树种为垂柳、水杉、白皮松、白蜡、五角枫等，组团式配置；灌木树种有月季、连翘等零星栽植；地被植物有鸢尾、草坪草等，并配有长条凳等设施。

景观名称：康养保健型游憩森林景观（11）

技术要点：乔木树种以刺槐为主，灌木树种为紫穗槐、君迁子等，采用复层近自然混交配置，形成游憩森林景观。

景观名称：康养保健型游憩森林景观（12）

技术要点：乔木树种以构树、黑松、柳树、悬铃木为主，灌木树种为红枫、石楠等，采用群植或组团式配置方式，形成游憩森林景观。

图 5-5　康养保健型游憩森林景观

三、观赏游览型

观赏游览型游憩森林景观是指森林可及度较大，内部游憩区（林中空地、林道等）适合健身（跑步、徒步旅行等）和休闲（休息、游玩等），具有适合开展游憩的自然条件和相应的人为设施。观赏游览型游憩森林景观以近景观赏和游览为主，不仅具有生态防护功能，还有生产、生活功能。建设时应在尊重自然、保护现有植被的基础上，充分利用地形起伏的条件，通过科学的规划，依山就势，布景造绿，形成生物多样性显著、景观优美、生态效益突出的多层次的绿化空间，突出体现森林实用价值与观赏价值。在建设思路上必须依照森林生态学与森林美学的两者统一，以便能够在形式上体现出森林美学的效果。在树种选择上要因地制宜，体现地方特色，适量选择观花、观果、观叶的品种，如观赏树种有银杏、水杉、侧柏、五角枫等，花灌木树种有海棠、樱花、黄栌等。采用自然式的带状、块状配置为主，适当点缀一些园林建筑与小品，设置一些游乐设施。典型实例见图 5-6。

景观名称：观赏游览型游憩森林景观（1）

技术要点：乔木树种为杏树、榆树等，采用不规则式混交造林，林内种植二月兰和油菜花等，主要功能是达到观赏和游览的作用。

景观名称：观赏游览型游憩森林景观（2）

技术要点：乔木树种为银杏，采用规则式栽植，造林株行距为 2 m×5 m，主要功能是达到观赏和游览的作用。

景观名称： 观赏游览型游憩森林景观（3）

技术要点： 乔木树种为水杉，采用规则式栽植，造林株行距为 2 m×3 m，主要功能是达到观赏和游览的作用。

景观名称： 观赏游览型游憩森林景观（4）

技术要点： 花灌木树种为樱花，采用规则式栽植，造林株行距为 3 m×4 m，主要功能是达到观赏和游览的作用。

景观名称：观赏游览型游憩森林景观（5）

技术要点：树种为海棠，采用不规则式栽植，每公顷（hm^2）造林为1000~2000株，形成以观赏游览为主的游憩森林景观。

景观名称：观赏游览型游憩森林景观（6）

技术要点：树种为樱花，采用不规则式栽植，每公顷（hm^2）1000~1500株，主要功能是达到观赏和游览的作用。

景观名称：观赏游览型游憩森林景观（7）

技术要点：乔木树种为侧柏、麻栎等，采用不规则式混交栽植；灌木树种为黄栌，组团式配置，主要功能是达到观赏和游览的作用。

景观名称：观赏游览型游憩森林景观（8）

技术要点：乔木树种为紫叶李、雪松，采用组团式配置；灌木树种为桧柏球、大叶黄杨球，零星栽植；林下为草坪草，主要功能是达到观赏和游览的作用。

景观名称：观赏游览型游憩森林景观（9）

技术要点：乔木树种以水杉、雪松为主；花灌木树种以樱花为主，采用组团式混交配置；水生植物以水葱、鸢尾为主，形成以观赏游览为主要目的的游憩森林景观。

景观名称：观赏游览型游憩森林景观（10）

技术要点：乔木树种为柳树、白皮松，采用组团式配置；林下为草坪草，配有步行园路等，主要功能是观赏和游览。

景观名称：观赏游览型游憩森林景观（11）

技术要点：乔木树种以白蜡、雪松、黑松为主，斑块状配置；花灌木树种以碧桃、贴梗海棠等为主，组团式栽植，形成以观赏游览为主要目的的游憩森林景观。

图 5-6　观赏游览型游憩森林景观

第四节　生态保护绿地

生态保护绿地一般位于距村镇驻地较远的偏僻地带，一般环境幽静，林相完整，植被丰富，是自然资源相对丰富区域，一般分布在自然保护区、森林公园、风景名胜区、湿地公园等绿地区域。这些绿地蕴藏着较高的科学文化内涵，展示出自然界深层次的奥妙和人与自然和谐的美，是人们生活对孕育人类文明的大自然的回归，具有较强的自然性、真实性、观赏性、娱乐性。人们可以在游憩活动中接受大自然的熏陶，了解森林生态系统的物种形态、群落结构、自然演化规律，以及森林生态系统的物质、能量和信息内部循环；启发人们思考人与自然深层次的关系，受到人类与大自然和谐共生的可持续发展教育；认识森林和湿地生态系统特有的保护物种、涵养水源、净化空气、美化和改善区域生态环境等功能；体会"天人合一"的传统文化，从中陶冶情操，平衡心态，获得健康，融入自然，回归自然，享受自然，感悟自然，从而自觉地保护自然。生态保护绿地按其植被和生态功能划分为森林保护型、湿地保护型 2 种游憩森林景观类型。

一、森林保护型

森林保护型游憩森林景观是以森林结构、功能、物种及景观等为主要观赏对象，人们通过森林生态环境的审美和认识，可以深刻地了解生物间的制约关系，认识生物在演化过程中，形成相互依存、相互制约的内在联系。这种关系反映在食物链的组成上，构成一个地区相对稳定的森林生态系统。人类准确地认识这种关系，才可能更好地利用自然、改造自然。同时，也是普及森林科学知识的天然课堂。森林保护型游憩森林景观保存了自然森林生态系统和大量野生动植物，对旅游者有很大的吸引力，尤其是某些风景秀丽的游憩森林景观，更是旅游者向往之地。所以，森林保护型森林景观是发展森林游憩的重要胜地。典型实例见图5-7。

景观名称：森林保护型游憩森林景观（1）

技术要点：乔木树种以侧柏、刺槐、黑松、麻栎为主，不规则式混交，近自然配置，形成以森林保护为主要目的的游憩森林景观。

景观名称： 森林保护型游憩森林景观（2）

技术要点： 乔木树种以赤松、麻栎、刺槐为主，不规则式混交，近自然配置，形成以森林保护为主要目的的游憩森林景观。

景观名称： 森林保护型游憩森林景观（3）

技术要点： 乔木树种以油松、赤松、麻栎为主，不规则式混交，近自然配置，形成以森林保护为主要目的的游憩森林景观。

景观名称：森林保护型游憩森林景观（4）

技术要点：乔木树种以黑松、刺槐为主，不规则式混交，近自然配置，形成以森林保护为主要目的的游憩森林景观。

景观名称：森林保护型游憩森林景观（5）

技术要点：乔木树种以油松、赤松、麻栎、刺槐、落叶松为主，多树种混交，近自然配置，形成针、阔树种混交的游憩森林景观。

景观名称：森林保护型游憩森林景观（6）

技术要点：乔木树种以松类、栎类、刺槐等为主，多树种不规则式混交配置，形成以森林保护为主要目的的游憩森林景观。

景观名称：森林保护型游憩森林景观（7）

技术要点：乔木树种以黑松、刺槐、麻栎为主，不规则式混交，近自然配置，形成以森林保护为主要目的的游憩森林景观。

景观名称：森林保护型游憩森林景观（8）

技术要点：乔木树种以水杉、刺槐、毛白杨为主，不规则式混交，近自然配置，形成以森林保护为主要目的的游憩森林景观。

图 5-7　森林保护型游憩森林景观

二、湿地保护型

湿地保护型游憩森林景观是指旅游者以湿地动植物资源、湿地自然生态系统等作为观光、游览研究对象，观察湿地的景观、物种、生境和生态系统等，并维持湿地自然环境原貌的旅游活动。湿地保护型游憩森林景观具有自然保护、环境教育和社区经济效益等一系列的功能，其开发的宗旨是让游客认识湿地、了解湿地的功能和作用，享受湿地景观的同时提高湿地生态环保意识。典型实例见图5-8。

景观名称：湿地保护型游憩森林景观（1）

技术要点：乔木树种以柳树为主，湿地植物以芦苇、菖蒲为主，不规则式混交，近自然配置，形成以湿地保护为主要目的的游憩森林景观。

景观名称：湿地保护型游憩森林景观（2）

技术要点：乔木树种以柳树为主，湿地植物以芦苇、菖蒲为主，不规则式混交，近自然配置，形成以湿地保护为主要目的的游憩森林景观。

景观名称：湿地保护型游憩森林景观（3）

技术要点： 乔木树种以柳树为主，湿地植物以芦苇、菖蒲为主，不规则式混交，近自然配置，形成以湿地保护为主要目的的游憩森林景观。

景观名称：湿地保护型游憩森林景观（4）

技术要点： 乔木树种以柳树、杨树为主，湿地植物以芦苇、荷花、荇菜为主，不规则式混交，近自然配置，形成以湿地保护为主要目的的游憩森林景观。

景观名称：湿地保护型游憩森林景观（5）

技术要点：乔木树种柳树、杨树、水杉为主，灌木树种以水蜡、连翘为主，近自然式群落配置；水生植物以荷花为主形成以湿地保护为主要目的的游憩森林景观。

景观名称：湿地保护型游憩森林景观（6）

技术要点：湿地植物以芦苇、菖蒲和荇菜为主，近自然式配置，形成以湿地保护为主要目的的游憩森林景观。

景观名称：湿地保护型游憩森林景观（7）

技术要点：树种以柳树、柽柳为主，湿地植物以芦苇、菖蒲为主，不规则式混交，近自然配置，形成以湿地保护为主要目的的游憩森林景观。

景观名称：湿地保护型游憩森林景观（8）

技术要点：湿地植物以盐地碱蓬为主，近自然式配置，形成以滨海湿地保护为主要目的的游憩森林景观。

图 5-8 湿地保护型游憩森林景观

第六章 农田森林景观

第一节 概述

农田森林景观是利用农田区域范围内的堤、河、渠、路等隙地防护林构成的农田景观,其功能不仅能有效地减少干热风和风沙危害,改善农田小气候,减轻和防御各种农业自然灾害,而且还具有较高的经济效益、景观价值。山东是个农业大省,农田森林景观在村镇绿化中地位显要,其建设要与村镇总体规划和农田基本建设规划结合,充分利用堤、河、路等隙地,因地制宜营造以窄林带、小网格为主的农田森林景观。平原区的田块多为方形,道路和排灌渠与农田相结合布置,因此,防护林带宜栽植呈网状,构成纵横连亘的农田林网。山丘区的农田森林景观主要与梯田地堰绿化结合,景观林带呈不规则状分布,形成梯田地堰型森林景观,主要作用是充分利用非农业土地,少占或不占耕地,又有利于固堰护坡,保护农田种植,可减小林木与大田作物争光、争肥等不利影响。同时,农田森林景观还具有美化环境、丰富村镇景观多样性的作用。

一、农田森林景观主要功能

1. 改善农田小气候,促进农业稳产高产

农田森林景观通过林带对气流、温度、水分、土壤等环境因子的影响,改善农田小气候;通过对气流结构和风速的影响,减轻农业生产的自然灾害,保障农业无公害生产,促进粮食增产和农民增收。

2. 具有防风固沙、治涝改碱的作用

山东多为平原区,风沙、旱涝、盐碱等自然灾害比较频繁。在广大的农田中营造景观林带,通过降低风速、调节温度、增加大气湿度和土壤湿度,起到防风固沙的作用;通过降低地下水水位,可以改良盐碱、抑制土壤返盐、保障农业生产具有重要作用。

3. 提高土地利用率，改善林木生长条件

合理的农林间作有利于林木与农作物的共生互利作用，既能有效提高土地和空间的利用率，又能减少林木与农作物对光、热、水、养分的争夺；既要提高林木的防护效益，又要通过合理配置，实现以短养长，提高经济效益的目的。

4. 改善生态环境，提高景观观赏价值

农田森林景观处于农田范围内或边缘，立地条件较好，主要是以高大的、乡土树种为主，形成的护田景观林带。它不仅能有效地减少干热风和风沙危害，改善农田小气候；而且还可以美化环境和净化空气，丰富和提升村镇外围的田园森林景观效果。

二、农田森林景观建设原则

1. 坚持科学规划的原则

农田森林景观的建设和规划要与村镇道路、沟渠和河流防护林建设规划相结合，与防沙治沙工程和农业综合开发、低产田改造、土地综合治理等工程项目相结合。

2. 坚持窄林带、小网格的原则

农田森林景观建设要因地制宜，因害设防，统筹兼顾，合理布局。采取积极培植抚育与补植补造相结合，林带更新改造与提高质量相结合的方法，适度调整网格的结构和面积，提高农田森林景观的综合防护效能。

3. 坚持生态优先、重点突出的原则

农田森林景观建设实行田、路、渠综合设防，提倡营造混交林景观，在建设农田森林景观的同时，完善防风固沙骨干防护林带的建设，构建农田森林景观体系。

4. 坚持多种效益兼顾的原则

充分调动造林和营林建设者的积极性，在农田森林景观发挥防护效益的同时，也要积极发挥其经济效益和社会效益。采取林随地走、明确管护任务要求，明确利益主体和责任，做到责、权、利相统一，确保森林景观的可持续性。

三、农田森林景观造林树种

乔木树种：107号杨、108号杨、鲁林1号杨、L35杨、毛白杨、旱柳、J172柳、白榆、苦楝、枣树、泡桐、白蜡、楸树、臭椿、楸叶泡桐等。

灌木树种：紫穗槐、筐柳、沙棘、枸杞、金银花、柽柳等。

经济树种：板栗、柿、香椿、花椒、山楂、金银花、樱桃、梨、桑、玫瑰等。

地堰栽植树种：香椿、山楂、樱桃、金银花、楸树、臭椿、楸叶泡桐等。

四、农田森林景观类型划分

农田是以粮食生产为主要功能的土地，森林分布的类型比较单一，其森林景观类型主要分为农田林网型、农林间作型、梯田地堰型3种森林景观类型。

第二节　农田林网

农田林网型森林景观建设一般与沟、渠、路等设施相结合。

沟渠路林结合的优点有：①利用沟、渠、路之间的隙地和田边地沿造林，可充分利用土地，少占或不占耕地，又有利于保护农田措施，减小林木与大田作物争光、争肥、争水等不利影响；②由于农田中沟、渠、路的间隔，林带一般布置在沟、渠、路等设施的两侧或一侧。如果树木只栽植在一侧时，应把乔木栽植在这些设施的南侧或西侧，可减少林带对农田的遮阴影响；③路旁植树，交通方便，有利于对林木的经营管理，而且结合道路绿化形成林荫道，既美化环境，又有利交通安全；④沟渠旁植树，可以保护沟渠水利设施，并充分发挥林带的生物排水作用，降低地下水位，减少土壤盐渍化。

农田林网树种选择以高大乔木为主，适当配置灌木。一般乔木树种选用杨树、刺槐、毛白杨、柳树、柿树等；灌木树种选用木槿、紫穗槐、白蜡等。主林带走向应垂直于主害风风向，带间距为150~250 m；副林带方向与主带方向垂直，或结合沟、渠、路情况而定，副带间距为250~350 m。林带宽度为6~12 m，确定林带树木行数应因地制宜。如渤海平原区的护田林网，主林带一般由4~6行乔木和2~4行灌木组成，配合各项造林营林可形成防护效能较高的疏透结构林带。副林带一般由2~4行乔木和1~2行灌木组成，也可形成防护效能较高的疏透结构林带或疏透—透风结构林带过渡类型；而只由乔木组成且修枝较高的林带则形成透风结构。林带结构一般采用疏透结构或通风结构，疏透度以0.25~0.35为宜，既减少林带占地和胁地，又能增强防风效能。每个网格面积8~10 hm²。典型实例见图6-1。

村镇森林景观

景观名称： 农田林网型农田森林景观（1）

技术要点： 以乔木树种杨树为主，林带宽度2~4行，长方形网格式林带配置。

景观名称： 农田林网型农田森林景观（2）

技术要点： 在路两侧乔木树种为杨树，株距2~3 m，路面宽为4.5 m。

景观名称：农田林网型农田森林景观（3）

技术要点：在路一侧为毛白杨，另一侧为龙柏，林带株行距1 m×3 m，"品"字栽植。

景观名称：农田林网型农田森林景观（4）

技术要点：乔木树种为I107杨，株行距2～3 m×5 m，林带2～4行，"品"字栽植。

村镇森林景观

景观名称：农田林网型农田森林景观（5）

技术要点：路两侧乔木树种为毛白杨，行列式栽植，株行距 2 m×4 m。

景观名称：农田林网型农田森林景观（6）

技术要点：路两侧乔木树种为柳树，株距 2～3 m，路面宽为 4.5 m。

图 6-1　农田林网型农田森林景观

第三节　农林间作

农林间作型森林景观是山东平原农区的一种农林复合经营方式，通过把林木和农作物按一定的空间结构和时间顺序科学地安排在同一土地经营单元上，形成农林有机结合的人工生态经济系统，在同一块土地上同时经营农业和林业，同时或交替获得粮、棉、油、菜、饲料等农产品和木材、果品、木本蔬菜、薪柴和工业原料等林副产品。这种典型的农林复合经营方式森林景观能在大面积耕地上发挥树木改善农田生态环境的作用，有利于提高林木覆盖率和增强农业抗灾能力，能充分有效地利用地力、空间和时间，提高单位面积上的生物量，持久地提高土地生产力，能使农林牧副各业协调发展，开展多种经营，提高经济效益。

农林间作型森林景观有利于林木与农作物的共生互利作用，有效提高土地和空间的利用率，又尽量减少林木与农作物对光、热、水、养分的争夺；既要提高林木的防护效益，又要通过合理配置，长短结合，交替开发，增加经济收入。为此，需选择适宜的间作树种、品种，根据所选间作树种的生物学特性确定适宜的组成、密度及栽植形式。一般应选用冠窄枝疏、根深、速生优质、收益快、效益高的经济林树种或用材树种为间作树种。山东黄泛平原区可农林间作树种有泡桐、窄冠毛白杨、柳树、香椿等；渤海平原区可农林间作的树种有金丝小枣、冬枣、杨树、香椿、桑树、梨、杏等。间作作物一般选矮秆、较耐阴、经济价值较高的经济作物或粮食作物，如间作前期可间种花生、西瓜、小麦、棉花等，后期可间种大豆或牧草等。选择间作树种要做到适地适树，如鲁西南黄泛平原区沙壤质上采用农桐间作；在潜水位较低的轻、中度盐化潮土上采用农枣间作；在河滩及故道的沙壤质土地上采用农杨间作等。农林间作的主要模式是农桐间作、农枣间作、农杨间作等。典型实例见图6-2。

》村镇森林景观

景观名称：杨粮间作型农田森林景观（1）

技术要点：乔木树种以杨树为主，造林株行距为 3 m×10～12 m，林下间种小麦。

景观名称：桐粮间作型农田森林景观（2）

技术要点：乔木树种为泡桐，造林株行距 4 m×10 m，林下间种小麦。

图 6-2　农林间作型农田森林景观

第四节 梯田地堰

梯田地堰型森林景观是指在低山丘陵区域的梯田地边行状或带状栽植的景观林带。山东半岛丘陵区梯田地边栽植树木较为普遍，它既是水土保持林体系的组成部分，又是低山丘陵区域的农林间作的一种形式。

梯田地堰型森林景观的主要防护功能是固持梯田，防止大雨后的梯田边坡坍塌，减少水土流失。在干旱缺水的低山丘陵区，梯田地边景观林带可降低气温、地温，减少土壤蒸发，提高空气湿度和土壤湿度，有利于农作物的生长。在台风、暴雨时，可保护梯田上的农作物，减轻灾害。在梯田地边栽植经济林木和用材林木，可充分利用光热和土地资源，提高土地利用率，增加经济收入。

梯田地堰植树一般应选较耐干旱的树种，土层较深厚的地方可选用乔木，土层较薄的地方可选用小乔木、灌木等，以保证造林后成活率高、生长健壮、林分结构稳定。选用的树种应具有较强的保持水土能力，还可选择能改良土壤的豆科固氮树种，以及收入较高、见效快的经济林树种或木材产量较高、材质好的用材树种。所选树种还应根系深、树冠较窄、遮阴较轻，以减少对农作物的胁地。在树种选择上注意生态效益和经济效益相结合，长期效益和短期效益相结合，用材林树种和经济林树种合理搭配，乔木与灌木以及草本植物合理搭配。

梯田地堰造林的经济林树种主要有樱桃、香椿、花椒、山楂、金银花、杏、梨、桑等，用材树种主要有楸树、臭椿、楸叶泡桐等。这些树种在梯田地堰上生长稳定、材质好，而且枝叶较稀疏、发叶较晚，对梯田田面遮阴较轻。豆科灌木树种有紫穗槐、胡枝子、锦鸡儿等，主要起固持梯田边坡、改良土壤等作用。梯田地堰的乔、灌木之下可栽植较耐干旱贫瘠的草本植物，对防止土壤侵蚀具有重要作用，而且有较好的经济效益。典型实例见图6-3。

景观名称：梯田地堰型农田森林景观（1）
技术要点：乔木树种为楸树，不规则栽植在梯田地堰上，形成农田森林景观。

景观名称：梯田地堰型农田森林景观（2）
技术要点：树种以樱桃为主，不规则式栽植，具有固堰护坡、保持水土等功能。

图 6-3　梯田地堰型农田森林景观

第七章 古树名木景观

第一节 概述

一、古树名木定义

古树名木是自然历史文化遗产的重要组成部分，是活文物、活化石。保护好古树名木，就是保护优良林木种植基因库，保护前人留给我们的宝贵财富。为了更好地保护古树名木，展示古树名木在景观美学、生态保护、科学研究和历史文化等方面的特殊价值，我们编撰本章节，采用图文并茂的形式，把观赏型、知识性融为一体，为科学研究、生态保护和风景游憩等提供参考。

据我国有关部门规定：古树名木，一般指树龄在百年以上的大树即为古树；而那些树种稀有、名贵或具有历史文化、景观美学、科学研究价值和具有重要纪念意义的树木则称为名木。古树分为国家一、二、三级，国家一级古树树龄 500 年以上，国家二级古树 300～499 年，国家三级古树 100～299 年。

二、古树名木价值

1. 生态价值

古树的树冠通常较大，在制造氧气、调节温度和空气湿度、阻滞尘埃、降低噪音等方面有较明显的生态价值。有的古树还具有杀虫抑菌和吸收某些有害物质的功能。

2. 经济价值

某些古树，如位于济南市莱芜区大王庄镇独路村的唐朝板栗（*Castanea mollissima* Blume），可作为板栗重要的种质资源。樟（*Cinnamomum camphora*（L.）Presl）（也称香樟）是重要的经济植物和园林植物，古樟能提供大量果实，这些果实可用于育苗、工业或药用。

3. 景观价值

一些古树生长于悬崖峭壁之上，形成一种人工难以造就的自然景观。如济南市历城区彩石镇石翁峪村的古国槐（*Sophora japonica* L.）和枣庄市驿城区石榴园的古树青檀（*Pteroceltis tatarinowii* Maxim.）等。古树名木也是名胜古迹的佳景，如位于临朐县沂山林场法云寺内的古老油松（*Pinus tabulaeformis* Carr.），铁杆虬枝似苍龙腾飞，给人以美的享受。

4. 文化价值

古树名木为文化艺术增添光彩，它们是历代文人咏诗作画的题材，往往伴有优美的传说和奇妙的故事。有的古树被赋予人文情怀，如泰山的迎客松、望人松、岱庙汉柏院的汉柏和莒县招贤镇大沈庄村的银杏，这些古树由此具有特殊的文化价值。

5. 历史价值

古树名木是历史的见证，许多古树名木经历过朝代的更替，人民的悲欢，世事的沧桑，可借以撰写说明，普及历史知识。某些古树名木与特定的历史时间相联系，如济南市历城区王舍人镇大辛庄村的"幸福柳"，记载毛泽东主席两次视察东郊人民公社，曾在此树下休息，与村民亲切交谈，具有特殊的纪念意义。

6. 科研价值

古树是研究自然史的重要资料。一方面可以通过古树复杂的年轮结构了解本地区气候、森林植被与植物区系的演变过程，为农业生产经营和区划提供参考；另一方面通过古树研究古水文、古地理、古文化的变迁史。另外，古树对研究树木生理具有特殊意义。人们通过现存不同树龄的古树研究，可以解决无法用跟踪的方法去研究长寿树木从生到死的生理过程，能把树木生长、发育在时间上的顺序展现为空间上的排列，有利于科学研究工作。

7. 开发价值

一些古树的叶片、果实或种子可以开发成为旅游纪念品，如古菩提的树叶可以加工成书签。古树生长、发育过程的研究对于树种规划有很大参考价值。

8. 旅游价值

凡具有特殊观赏价值、文化价值或历史价值的古树名木均有旅游观光价值，很多风景名胜区直接把古树名木打造成为当地的一个主要景点等等。

三、古树名木景观

古树名木景观即因树木的古老性或著名性而构成的树木景观。如山东泰山的迎客松、岱庙的唐槐、孔庙的汉柏、莒县定林寺被誉为"天下第一银杏树"的活化石银杏等著名的古树名木景观。古树名木景观主要有以下两类：

（1）孤植树　是单形体的树木形态与色彩的景观表现形式，一般配植在开阔空间中或视线开朗的山崖坡顶处。不同的空间形式和树种，具有不同的景观效果。如徂徕山林场的油松等形成孤植景观。

（2）树群　是以树木群体美为主的树丛群体的扩展形式，具有曲折迂回的林缘线，起伏错落的林冠线和疏密有致的林间层次，立体感强。在大型园林和风景区内可以与密林或防护林带结合构成雄伟壮观的树群景观。

第二节　古老树木

古老树木是指生长百年以上的老树。生长百年以上的古树已进入缓慢生长阶段，干径增粗极慢，形态上给人以饱经风霜、苍劲古拙之感。按照树木生物学特性，可以将古树树木景观划分为常绿树木和落叶树木两种景观类型。

一、常绿树木景观

常绿树木景观是指由常绿古老树木形成的树木景观。典型实例见图7-1至图7-4。

图7-1　侧柏（*Platycladus orientalis* (L.) Franco）

别名：扁柏　柏科　侧柏属

位于济南市长清区灵岩寺内，树龄800余年。树高18.7 m，胸径95.6 cm，冠幅12.9 m，生长良好。

图7-2 油松（*Pinus tabulaeformis* Carr.） 别名：天烛松 松科 松属

位于泰安市徂徕山林场中军帐三清殿南，树龄900余年。树高9.8 m，胸径98.7 cm，生长良好。

图7-3 雪松（*Cedrus deodara* (Roxb. ex D. Don) G. Don） 松科 雪松属

位于烟台市牟平区第一中学院内，树龄：100年。树高19.2 m，胸径85.5 cm，冠幅16.6 m，生长良好。

图 7-4 龙柏（*Sabina chinensis* (L.) Ant. cv. *Kaizuca*）柏科 圆柏属

位于东营市垦利区胜坨镇，树龄：100年。树高 7.2 m，地径 76.1 cm，冠幅 11.3 m，生长良好。

二、落叶树木景观

落叶树木景观是指由落叶古老树木形成的树木景观。典型实例见图 7-5 至图 7-16。

图 7-5 银杏（*Ginkgo biloba* L.）别名：白果 公孙树 银杏科 银杏属

位于安丘市石埠子镇孟家旺村，树龄：2000余年。树高 28.2 m，胸径 200.4 cm，冠幅 27.7 m，生长良好。

图 7-6 青檀（*Pteroceltis tatarinowii* Maxim.） 别名：翼朴、檀树、摇钱树 榆科 青檀属

位于济南市长清区万德镇灵岩寺村，树龄：1000 余年。树高 10.2 m，胸径 102.4 cm，冠幅 13.7 m，生长良好。

图 7-7 黄连木（*Pistacia chinensis* Bunge） 别名：楷树 漆树科 黄连木属

位于济南市历城区仲宫镇东沟村，树龄：100 余年。树高 19.2 m，胸径 110.4 cm，冠幅 17.7 m，生长良好。

图 7-8　板栗（*Castanea mollissima* Blume）　别名：毛栗子　壳斗科　栗属

位于临沂市莒南县洙边镇，树龄：400 余年。树高 17.6 m，胸径 111.4 cm，冠幅 18.6 m，生长良好。

图 7-9　杜梨（*Pyrus betulifolia* Bunge）　别名：棠梨　蔷薇科　梨属

位于滨州市阳信县金阳街道张玉芝村，树龄：600 余年。树高 15.2 m，胸径 82.5 cm，冠幅 17.9 m，生长良好。

图 7-10　小叶朴（*Celtis bungeana* Blume）　榆科　朴属

位于潍坊市高密阚家镇阚西村，树龄：200 余年。树高 12.6 m，胸径 98.6 cm，冠幅 13.7 m，生长良好。

图 7-11　白蜡（*Fraxinus chinensis* Roxb.）别名：中国蜡、中蜡、川蜡、黄蜡、蜂蜡、青榔木、白荆树　木犀科　梣属

位于济南市历下区大明湖公园内，树龄：100 余年。树高 18.2 m，胸径 86.4 cm，冠幅 17.7 m，生长良好。

图 7-12　五角枫（*Acer mono* Maxim.）

别名：五角槭、地锦槭、水色树、色木槭　槭树科　槭属

位于济南市历城区西营镇阁老村，树龄：800 余年。树高 17.2 m，胸径 80.4 cm，冠幅 13.7 m，生长良好。

图 7-13 臭椿（*Ailanthus altissima* Swingle）

别名：椿树、樗树　苦木科　臭椿属

位于济南市历下区大明湖公园内，树龄：100 余年。树高 20.1 m，胸径 88.4 cm，冠幅 16.3 m，生长良好。

图 7-14　海棠（*Malus spectabilis* Borkh.）　别名：海棠花　蔷薇科　苹果属

位于曲阜市孔庙院内，树龄：100 余年。树高 7.3 m，胸径 60.4 cm，冠幅 6.7 m，生长良好。

图 7-15　石榴（*Punica granatum* L.）　石榴科　石榴属

位于枣庄市驿城区城西青檀寺，树龄：400 余年。树高 6.1 m，胸径 112.7 cm，冠幅 7.6 m，生长良好。

图 7-16　国槐（*Sophora japonica* L.）　别名：槐树　豆科　槐属

位于蒙阴县联城镇聚来庄村，树龄：300 余年。树高 11.3 m，胸径 84.4 cm，冠幅 11.7 m，生长良好。

第三节 名贵树木

名贵树木是指具有社会影响、闻名于世的树木，树龄也往往超过百年。按其树木生物学特性，将名贵树木景观划分为常绿树木、落叶树木和花灌木三种树木景观类型。

一、针叶树木景观

针叶树木景观是指由针叶树种形成的树木景观。典型实例见图 7-17 至图 7-24。

图 7-17 水杉（*Metasequoia glyptostroboides* Hu & W. C. Cheng）

别名：梳子杉　杉科　水杉属

落叶乔木树种，树干端直，树高可达 35 m。喜温暖、湿润气候和疏松的微酸性土壤，能耐水湿。为我国特产的古老稀有树种，寿命长，生长快。

图7-18 雪松（*Cedrus deodara* (Roxb. ex D. Don) G. Don） 松科 雪松属

常绿乔木，树冠塔形或平展伞形，大枝平展，小枝略下垂，树高可达70 m。喜阳光充足，幼龄稍耐阴，适宜酸性或微碱性土壤，不耐水湿。对大气中的氟化氢及二氧化硫有较强的敏感，可作为大气监测植物。

图 7-19　白皮松（*Pinus bungeana* Zucc. ex Endl.）　别名：虎皮松　松科　松属

　　常绿乔木树种，树高可达 30 m。喜光树种，耐瘠薄土壤及较干冷的气候，稍耐盐碱，在气候温凉、土层深厚、肥润的钙质土和黄土上生长良好。寿命长，可达数百年之久。

图 7-20　花柏（*Chamaecyparis pisifera* （Sieb.et Zucc.）Endl.）
别名：日本花柏　柏科　扁柏属

常绿乔木树种，树高可达 50 m，树冠圆锥形，树皮红褐色，裂成薄片。喜中性土壤，不耐寒，喜凉爽湿润气候，浅根性植物。

图 7-21　池杉（*Taxodium ascendens* Brongn.）　**别名：池柏　杉科　落羽杉属**

　　落叶乔木树种，树高可达 25 m。主干挺直，树冠尖塔形。喜光树种，不耐阴，抗风性很强。喜深厚、疏松、湿润的酸性土壤，萌芽力强，为速生树种。

图7-22 青扦（*Picea wilsonii* Mast.） 别名：细叶云杉 松科 云杉属

常绿乔木，树高可达50 m；树皮薄，鳞片状；枝通常轮生；叶线形，螺旋排列；喜温暖、湿润气候和疏松的微酸性土壤。

图 7-23　铅笔柏（*Sabina virginiana* (L.) Ant.）　别名：北美圆柏　柏科　圆柏属

常绿乔木树种，原产地树高可达 30 米；树皮红褐色，裂成长条片脱落；枝条直立或向外伸展，形成柱状圆锥形或圆锥形树冠。喜光，有时稍耐阴，喜凉爽湿润的气候。适合生长于肥沃湿润且排水良好的沙质壤土中，不耐水湿。

图 7-24　毛竹（*Phyllostachys edulis*（Carriere）J. Houzeall）　禾本科　刚竹属

常绿乔木状大型竹，竿高可达 20 m。毛竹根系集中稠密，竹竿生长快，生长量大。喜湿润、排水和透气性良好的酸性砂质土或砂质壤土的地方。

二、阔叶树木景观

阔叶树木景观是指由阔叶树种形成的树木景观。典型实例见图 7-25 至图 7-44。

图 7-25　旱柳（*Salix matsudana* Koidz.）杨柳科　柳属

落叶乔木树种，树高可达 20 m，树干端直，大枝斜上，树冠广圆形。喜光，耐寒，以湿润而排水良好的土壤上生长最好；根系发达，抗风能力强，生长快，易繁殖。

图 7-26　黄连木（*Pistacia chinensis* Bunge）　别名：楷树　漆树科　黄连木属

落叶乔木树种，树高可达 20 m。喜光树种，喜生于土壤肥沃、湿润、排水良好的土壤中，在酸性、微碱性土壤均能生长，寿命长。

图7-27 银杏（*Ginkgo biloba* L.） 别名：白果、公孙树 银杏科 银杏属

落叶乔木树种，树干端直，树高可达40 m。喜光树种，深根性，能生于酸性土壤、石灰性土壤及中性土壤上，但不耐盐碱土及过湿的土壤。我国特产的古老稀有树种，寿命长，生长缓慢。

图 7-28 青檀（*Pteroceltis tatarinowii* Maxim.）

别名：翼朴、檀树、摇钱树　榆科　青檀属

落叶乔木树种，树高可达 20 m，萌蘖性强。喜光，抗干旱、耐盐碱、耐土壤瘠薄，耐旱，耐寒，不耐水湿。为我国特产的古老稀有树种，寿命长，生长速度中等。

图7-29 流苏树（*Chionanthus retusus* Lindl. et Paxt.）

别名：牛筋子、茶叶树　木犀科　流苏树属

落叶乔木树种，树高可达20 m。喜光，耐寒、耐旱，喜欢中性及微酸性土壤，耐干旱瘠薄，不耐水湿，寿命长，生长速度较慢。

图 7-30　栾树（*Koelreuteria paniculata* Laxm.）　别名：灯笼树，无患子科　栾树属

落叶乔木树种，树干端直，树高可达 20 m，树冠近球形。喜光，稍耐半阴的植物；耐寒；不耐水淹，喜欢生长于石灰质土壤中，耐盐渍及短期水涝。

图 7-31 文冠果（*Xanthoceras sorbifolia* Bunge）

别名：文官果　无患子科　文冠果属

落叶乔木树种，树干端直，树高可达 8 m。喜光，耐半阴，对土壤适应性强，耐瘠薄、耐盐碱，抗寒能力强，不耐涝。

图 7-32　杜梨（*Pyrus betulifolia* Bunge）　别名：棠梨　蔷薇科　梨属

落叶乔木树种，树高可达 10 m。喜光，耐寒，抗旱，较耐低湿及盐碱。适生于土壤湿润深厚的沙壤及沙土地，寿命长，生长较慢。

图 7-33　楸叶泡桐（*Paulownia catalpifolia* Gong Tong）

别名：山东泡桐、小叶泡桐　玄参科　泡桐属

落叶乔木树种，树干端直，树高可达 20 m。喜光，较耐寒，在深厚、肥沃、湿润而且通气良好的壤土中生长良好，速生。

图 7-34 枫香（*Liquidambar formosana* Hance）

别名：路路通、枫树　金缕梅科　枫香树属

落叶乔木树种，树干端直，树高可达 25 m。喜光，适生于土壤湿润而肥沃的林边、坡地或疏林中，入秋叶变红色。

图7-35 朴树（*Celtis tetrandra* spp. *sinensis* Y. C .Tang.） 别名：沙朴 榆科 朴属

落叶乔木树种，树干端直，树高可达20 m。喜光，稍耐阴，耐寒，适温暖湿润气候，适生于肥沃平坦之地。有一定耐干旱能力，亦耐水湿及瘠薄土壤，适应力较强。

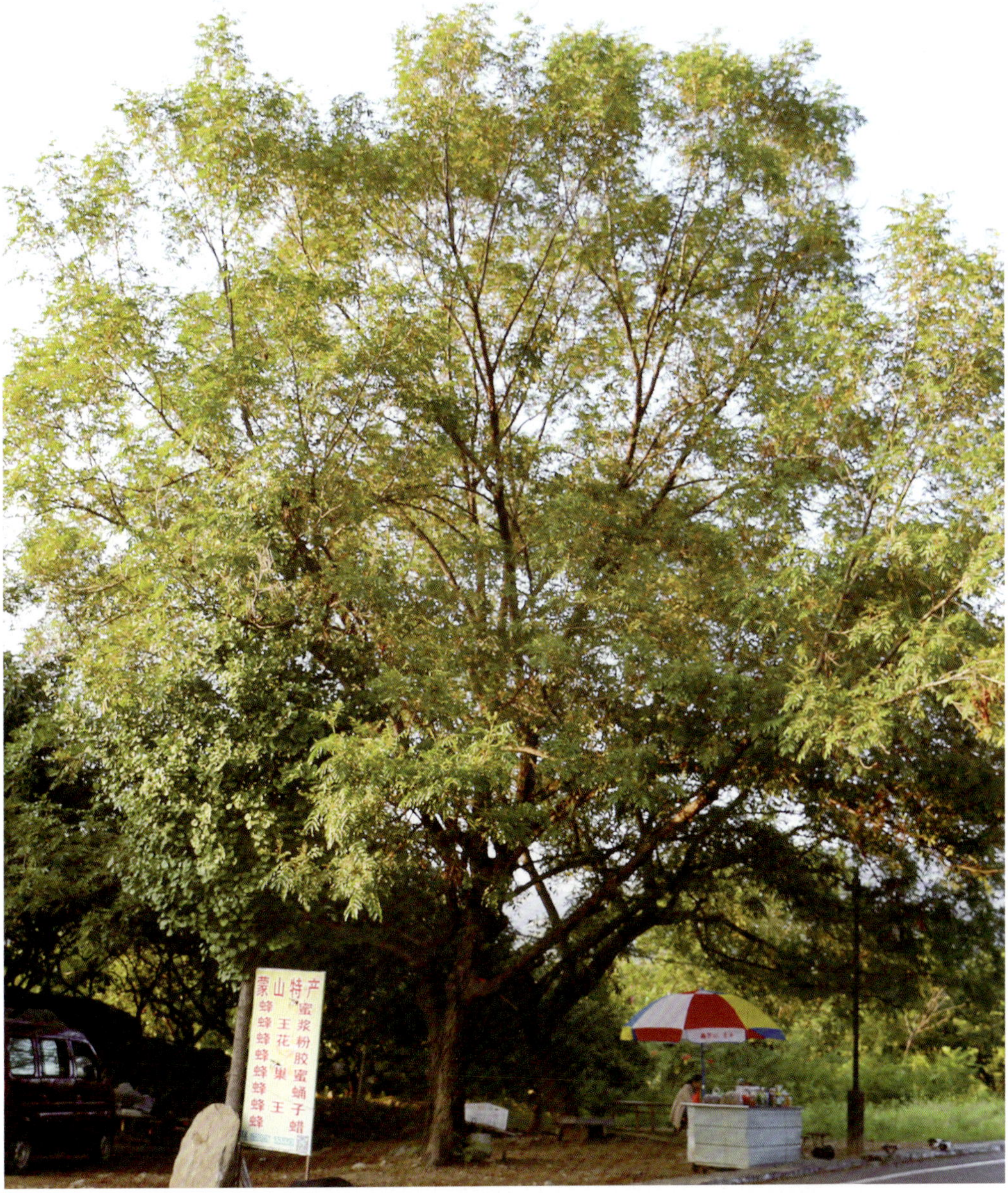

图 7-36　枫杨（*Pterocarya stenoptera* C. DC.）　别名：枰柳　胡桃科　枫杨属

落叶乔木树种，树干端直，树高可达 30 m。喜光树种，不耐庇荫，耐湿性强，生长迅速。

图 7-37　玉兰（*Magnolia denudata* Desr.）　　别名：木兰　木兰科　木兰属

落叶乔木树种，树干端直，树高可达 15 m。喜阳光，稍耐阴，有一定耐寒性，喜肥沃，适于润湿而排水良好的弱酸土壤。为我国特产的古老稀有树种。

图 7-38　板栗（*Castanea mollissima* Blume）　　别名：毛栗子　壳斗科　栗属

落叶乔木树种，树干端直，树高可达 20 m。喜光，喜温凉气候，较抗旱，耐寒，耐瘠薄，在土层深厚的沙壤土或沙土上生长结果良好。板栗原产我国，是我国食用最早的著名坚果之一，年产量居世界首位。

图 7-39 巨紫荆（*Cercis gigantea* cheng & keng f.）

别名：乌桑树、湖北紫荆、乔木紫荆　豆科、紫荆属

落叶乔木树种，树干端直，树冠伞形，树高可达 20 m。喜阳光，耐寒、耐旱、耐盐碱，不耐水涝，以深厚肥沃、排水良好的土壤生长最好。生长迅速，萌蘖性强。

图7-40 泡桐（*Paulownia fortunei*（seem.）Hemsl.）
别名：白花泡桐、大果泡桐　玄参科　泡桐属

落叶乔木树种，为先花后叶植物，树干端直，树冠广卵形或近圆形，树高可达27 m。喜光，喜温暖，不耐严寒，适生于土层深厚、湿润、排水良好的沙壤土，为速生树种。

图 7-41 白榆（*Ulmus pumila* L.） 别名：家榆、榆树 榆科 榆属

落叶乔木树种，花先叶开放，树干端直，树高可达 25 m。喜光，耐旱，耐寒，耐瘠薄，不耐水湿。根系发达，抗风力、保土力强。生长快，寿命长达百年以上。

图 7-42 毛白杨（*Populus tomentosa* Carr.）

别名：白杨、笨白杨、大叶杨　杨柳科　杨属

落叶乔木树种，树干端直，树高可达 30 m。深根性，耐旱力较强，黏土、壤土或低湿轻度盐碱土均能生长，喜生于海拔 1500 m 以下的温和平原地区，为速生树种。

图 7-43　柿树（*Diospyros kaki* Thunb.）　别名：柿　柿科　柿属

落叶乔木树种，树冠近球形或宽卵形，树高可达 20 m。原产中国，喜温暖气候，喜深厚、肥沃、湿润、排水良好的土壤，适生于中性土壤，较能耐寒，能耐瘠薄，抗旱性强，不耐盐碱土。

三、花灌木景观

花灌木景观是指由花灌木树种形成的树木景观。典型实例见图 7-44 至 7-58。

图 7-44　樱花（*Prunus yedoensis* Matsum.）

别名：东京樱花、日本樱花　蔷薇科　樱属

落叶乔木树种，树高可达 16 m，花每枝 3 到 5 朵，成伞状花序，花瓣先端缺刻，花色多为白色、粉红色。花常于 3 月与叶同放或叶后开花，随季节变化，樱花花色幽香艳丽，喜阳光和温暖湿润的气候条件，有一定的抗寒能力。花色鲜艳亮丽，枝叶繁茂旺盛，是早春重要的观花树种。

图 7-45　海棠（*Malus* spp.）　蔷薇科　苹果属

落叶乔木树种，树高可达 8 m。春季观花、秋季观果，花色艳丽，花量大，果实红色或黄色，果量大，具有树体高大、景观效果好、观赏期长、抗逆性强、维护成本低等特点，是极富生产应用价值的观赏资源。

图7-46 杏（*Prunus armeniaca* L.） 别名：杏树 蔷薇科 杏属

落叶乔木树种，树高可达35 m。喜光，较耐寒，抗旱，不耐水湿。观赏价值高，集观花、赏果于一体，早春开花，先花后叶，有单瓣和重瓣花，花开满枝，一树银白或粉红之色，果色艳丽，形态各异，满树累累，香甜宜人，并具有极高的营养价值。

图 7-47 丁香（*Syringa oblata* Lindl.） 别名：紫丁香 木犀科 丁香属

落叶乔木树种，树高可达 4 m。喜光，喜温暖、湿润，有一定的耐寒性和耐旱性。对土壤要求不严。丁香因花筒细长如钉且香故名，花序硕大、开花繁茂，花色淡雅，花气芳香袭人，株丛清雅美观，可孤植、丛植或在路边、角隅、林缘成片栽植，也可与其他乔灌木尤其是常绿树种配植。

图 7-48 山茶花（*Camellia japonica* L.） 别名：耐冬 山茶科 山茶属

落灌木或小乔木，叶卵形至椭圆形，光滑无毛，花近无梗，单生于叶腋或顶生，花瓣 5~7 片，近圆形，红色，花期较长。山茶花为名贵观赏树种，栽培品种较多，花有红、玫瑰红、粉红及重瓣等优良品种。寿命长，为园林绿化的优良树种。

图7-49 金银木（*Lonicera maackii* (Rupr.) Maxim.）

别名：金银忍冬　忍冬科　忍冬属

落叶灌木树种，树高可达6 m。喜强光，喜温暖的环境，稍耐旱，亦较耐寒。树势旺盛，枝叶丰满，夏季开花芳香，先白色后黄色，秋季果实变成红色，经冬不落，观赏价值高。适宜孤植、丛植在林缘、草坪、水边等处观赏应用。

图7-50　红叶小檗（*Berberis thunbergii* var. *atropurpurea* Chenault.）

别名：紫叶小檗　小檗科　小檗属

落叶灌木树种，树高可达2 m。喜凉爽湿润环境，适应性强，耐寒也耐旱，不耐水涝，喜阳也能耐阴，萌蘖性强，耐修剪，对各种土壤都能适应。枝丛生，幼枝紫红色或暗红色，老枝灰棕色。叶小全缘，菱形或倒卵，紫红到鲜红色。4月开花，花黄色。果实椭圆形，果熟后艳红美丽，常与常绿树种作块面色彩布置，用于布置花坛、花镜。

图 7-51　紫荆（*Cercis chinensis* Bunge）　别名：满条红、紫珠　豆科　紫荆属

丛生或单生灌木，树高可达 5 m。喜光，稍耐阴，较耐寒，喜肥沃土壤，不耐湿。萌芽力强，耐修剪。花量大，多堆簇于枝头，盛开时繁英满树，形成很大的花丛，并且带有诱人的香气，宜栽庭院、草坪、岩石及建筑物前，具有较好的观赏效果。

图 7-52 紫薇（*Lagerstroemia indica* L.）
别名：百日红、痒痒树　千屈菜科　紫薇属

落叶灌木或小乔木树种，树高可达 8 m。阳性树种，适生于深厚肥沃的中性及微酸、微碱性环境，萌发力强，耐修剪。紫薇树姿优美，树干光滑洁净，枝干多扭曲，小枝纤细；开花时正当夏秋少花季节，花期长，花色艳丽。

图 7-53　贴梗海棠（*Chaenomeles speciosa* (Sweet) Nakai）

别名：皱皮木瓜、铁脚梨　蔷薇科　木瓜属

　　落叶灌木树种，树高可达 2 m。喜光又稍耐阴，有一定的耐寒能力，对土壤要求不严。早春先花后叶，花果繁茂，味芳香，枝条直立开展，枝密多刺；花有重瓣、单瓣，花色有大红、粉红及白色等品种，3~5 朵簇生于两年生老枝上。著名观赏树种，常在公园及庭院内作丛式栽植。

图7-54 连翘（*Forsythia suspensa* (Thunb.) Vahl）

别名：黄花杆、刮拉鞭　木犀科　连翘属

落叶灌木。喜光，喜温暖、湿润气候，也很耐寒；耐干旱瘠薄，怕涝。连翘树姿优美、生长旺盛。早春先叶开花，花通常单生或2至数朵着生于叶腋，且花期长、花量多，盛开时满枝金黄，芬芳四溢，令人赏心悦目，是早春优良观花灌木，可以做成花篱、花丛、花坛等。

图 7-55　月季花（*Rosa chinensis* Jacq.）　别名：长春花　蔷薇科　蔷薇属

常绿、半常绿，直立灌木，适应性强，喜光，喜温暖气候。四季开花，一般为红色，或粉色，偶有白色和黄色；现代月季花型多样，有单瓣和重瓣，其色彩艳丽、丰富，不仅有红、粉、黄、白等单色，还有混色、银边等品种；多数品种有芳香。月季花容秀美，姿色多样，四时常开，其花期长，观赏价值高。

图 7-56　无刺枸骨（*Ilex cornuta* Lindl. var. fortunel S. Y. Hu.）
别名：金玉满堂　冬青科　冬青属

常绿灌木或小乔木，树冠圆整，喜光，喜温暖，喜湿润和排水良好的酸性和微碱性土壤，有较强抗性，耐修剪。无刺枸骨枝繁叶茂，叶形奇特，浓绿有光泽，四季常青，入秋后红果满枝，经冬不凋，艳丽可爱，是优良的观叶、观果树种。

图 7-57　山杏（*Prunus armeniaca* L.）　别名：野杏树　蔷薇科　杏属

　　落叶小乔木，树冠开展，树高可达 8 m。喜光，喜温暖、湿润气候，具有耐寒、耐旱、耐瘠薄的特点。常生于干燥向阳山坡、丘陵草原或与落叶乔灌木混生。山杏观花资源花型奇特，是先花后叶，开花早，花期长，花色有粉色、白色两种，有重瓣和单瓣花，花色有艳有素，生长适应性强，抗逆性好，资源丰富，具有很高的观赏价值。

图 7-58　红叶石楠（*Photinia* × *fraseri* Dress）

别名：火焰红、千年红、红罗宾、红唇、酸叶石楠　蔷薇科　石楠属

常绿小乔木或灌木，树高可达 5 m。喜砂质微酸性土壤，在温暖潮湿的环境下生长良好，在直射光照下，色彩更为鲜艳。红叶石楠为彩叶树种，因其新梢和嫩叶鲜红而得名，生长速度快，枝叶的萌生性强，耐修剪。做行道树，其杆立如火把；做绿篱，其状卧如火龙；修剪造景，形状可千姿百态，景观效果美丽。

第八章 立体绿化景观

第一节 概述

立体绿化是指充分利用不同的立地条件，选择攀援植物及其他植物栽植并依附或者铺贴于各种构筑物及其他空间结构上的绿化方式，即指除平面绿化以外的所有绿化。它是村镇森林景观的一种特殊表现形式，包括建筑墙面、棚架、栅栏、立交桥、坡面、屋顶、门庭、花架、阳台、廊、柱、枯树及各种假山与建筑设施上的绿化。有人也将立体绿化称之为建筑绿化，因为大部分立体绿化都运用在建筑上。而护坡绿化往往是用于堤坝防水，防止泥土流失的一种绿化方式。面对城镇化飞速发展，给我国村镇带来寸土寸金的局面，出现绿化面积不足，空气质量不达标，村镇噪音无法隔离等难题。然而，发展立体绿化是解决这些难题的有效途径，是丰富村镇绿化的空间结构层次和立体景观效果的一种方式，有助于进一步增加村镇绿量，减少热岛效应，吸尘、减少噪音和有害气体，营造和改善村镇生态环境，还能保温隔热，节约能源，也可以滞留雨水，缓解村镇下水、排水压力。因此，立体绿化对改善村镇生态环境、丰富绿化景观具有重要作用，是村镇绿化不可缺少的一种方式。立体绿化植物材料的选择，必须考虑不同习性的植物对环境条件的不同需要，应根据不同种类植物本身特有的习性，选择与创造满足其生长的条件，并根据植物的观赏效果和功能要求进行绿化植物配置。立体绿化景观常见的类型有墙面绿化、棚架绿化、栅栏绿化和坡面绿化等景观。

第二节 墙面绿化

墙面绿化景观是立体绿化中占地面积最小，而绿化面积最大的一种形式，泛指用攀援或者铺贴式方法以植物装饰建筑物的内外墙和各种围墙的一种立体绿化形式。墙面绿化景观的植物配置应注意三点：①墙面绿化的植物配置受墙面材料、朝向和墙面色彩等因素制约。粗糙墙面的绿化景观，如水泥混合砂浆和水刷石墙面，则攀附效果最好；墙面光滑的绿化景观，如石灰粉墙和油漆涂料，攀附比较困难；墙面朝向不同，选择生长习性不同的攀缘植物。②墙面绿化景观的植物配置形式有两种，一种是规则式，一种是自然式。③墙面绿化景观种植形式大体分两种。第一种是地栽式，一般沿墙面种植，带宽50~100 cm，土层厚50 cm左右，植物根系距墙体15 cm左右，苗稍向外倾斜；第二种是种植槽或容器栽植，一般种植槽或容器高度为50~60 cm，宽50 cm，长度视地点而定。凌霄、紫藤、五叶地锦、爬山虎、常春藤、络石，以及爬行卫矛等植物物美价廉，有一定观赏性，可作首选。在选择时应区别对待，凌霄喜阳，耐寒力较差，可在向阳的南墙下种植；络石喜阴，且耐寒力较强，适于栽植在房屋的北墙下；爬山虎生长快，分枝较多，种于西墙下最合适。也可选用其他花草、植物垂吊于墙面，如紫藤、蔷薇类、金银花、葡萄、牵牛花等景观。典型实例见图8-1。

景观名称：墙面立体绿化景观（1）

技术要点：藤本植物以爬山虎为主，采用攀爬式墙面绿化形式，丰富村镇绿化景观的空间层次和立体效果。

景观名称：墙面立体绿化景观（2）

技术要点：藤本植物以蔷薇为主，采用垂吊式墙面绿化形式，丰富村镇绿化景观的空间层次和立体效果。

景观名称：墙面立体绿化景观（3）

技术要点：藤本植物以凌霄为主，采用攀爬或垂吊式墙面绿化形式，丰富村镇绿化景观的空间层次和立体效果。

景观名称：墙面立体绿化景观（4）

技术要点：藤本植物以爬山虎为主，采用攀爬式墙面绿化形式，丰富绿化景观的空间层次和立体效果，增加村镇绿量，减少热岛效应。

图 8-1　墙面立体绿化景观

第三节　棚架绿化

棚架绿化景观一般是指在一定立体空间内，攀援植物依靠不同种类的构件进行攀援生长，以构成多种形式的景观，如花架、绿亭、花门、绿门等。在布置棚架绿化植物时，应当结合棚架的结构形式和功能，从棚架的功能上来说，一般包括观赏型和经济型。经济型的棚架一般选用丝瓜、葫芦、葡萄等，观赏型的棚架一般选择紫藤、金银花、凌霄、蔷薇等。棚架的结构不同，选用的植物也应不同。砖石或混凝土结构的棚架绿化景观，可选择种植大型藤本植物，如紫藤、凌霄等；竹、绳结构的棚架绿化景观，可种植草本的攀缘植物，如牵牛花、常春藤、爬山虎等；混合结构的棚架绿化景观，可使用草、木本攀缘植物结合种植。典型实例见图 8-2。

景观名称：棚架立体绿化景观（1）

技术要点：藤本植物为紫藤，采用攀爬或垂吊形式进行棚架立体绿化，丰富绿化景观的空间层次和立体效果。

景观名称：棚架立体绿化景观（2）

技术要点：藤本植物为紫藤，采用攀爬式或垂吊式棚架绿化形式，丰富绿化景观的空间层次和立体效果。

景观名称：棚架立体绿化景观（3）

技术要点：绿化植物以海棠为主，采用人工对接和造型等形式，进行棚架绿化，丰富绿化景观的空间层次和立体效果。

景观名称：棚架立体绿化景观（4）

技术要点：藤本植物以凌霄为主，采用攀爬式绿化形式，丰富绿化景观的空间层次和立体效果。

景观名称：棚架立体绿化景观（5）

技术要点：藤本植物以紫藤为主，采用攀爬式棚架绿化形式，丰富绿化景观的空间层次和立体效果，增加村镇绿量，减少热岛效应。

景观名称：棚架立体绿化景观（6）

技术要点：藤本植物以蔷薇为主，采用攀爬形式进行立体绿化，丰富绿化景观的空间层次和立体效果。

图8-2　棚架立体绿化景观

第四节　栅栏绿化

栅栏绿化景观是植物借助各种构件攀援生长，用以维护和划分空间区域的绿化形式。其主要作用是分隔道路与庭院、创造幽静的环境或保护建筑物和花木不受破坏。栅栏绿化一般采用小乔木、灌木或攀援类植物，主要是借助构件而攀援生长。由于受高度的限制，大部分的攀援植物都适用于栅栏绿化，如蔷薇、藤本月季、金银花等。栅栏绿化栽植的间距以 1~2 m 为宜。若是用于做围墙栏杆绿化，栽植距离可适当加大。一般装饰性栏杆绿化，高度在 50 cm 以下，则不需种攀缘植物；而保护性栏杆一般在 80~90 cm 以上，可选用常绿或观花的攀缘植物，如扶芳藤、藤本月季、蔷薇类、凌霄等，也可以选用一年生藤本植物，如牵牛花、金银花等。典型实例见图 8-3。

景观名称：栅栏立体绿化景观（1）

技术要点：藤本植物以藤本月季为主，采用攀爬形式进行栅栏立体绿化，丰富景观的空间层次和立体效果。

景观名称：栅栏立体绿化景观（2）

技术要点：藤本植物以凌霄为主，采用攀爬形式进行栅栏立体绿化，丰富景观的空间层次和立体效果。

景观名称：栅栏立体绿化景观（3）

技术要点：藤本植物以蔷薇为主，采用攀爬和垂吊形式进行栅栏立体绿化，丰富景观的空间层次和立体效果。

景观名称：栅栏立体绿化景观（4）

技术要点：藤本植物以凌霄为主，采用攀爬形式进行栅栏立体绿化，丰富景观的空间层次和立体效果。

图 8-3　栅栏立体绿化景观

第五节　坡面绿化

坡面绿化是指以环境保护和工程建设为主要目的，利用各种植物材料来保护具有一定落差的坡面的绿化形式。坡面绿化景观不仅可以美化、绿化斜坡，还可以有效避免水土流失、保护斜坡的作用。坡面绿化景观营造应注意：①河、湖两岸坡面绿化护坡有一面临水、空间开阔的特点，应选择耐湿、抗风的，有气生根且叶片较大的攀援类植物，不仅能覆盖边坡，还可减少雨水的冲刷，防止水土流失。如适应性强、性喜阴湿的爬山虎，较耐寒、抗性强的常春藤等。②道路、桥梁两侧坡地绿化应选择吸尘、防噪、抗污染的植物，而且要求不得影响行人及车辆安全，并且要姿态优美的植物。如叶革质、油绿光亮的扶芳藤，枝叶茂盛，观赏效果好的牵牛花、凌霄等。③台阶式坡面绿化，应选择根系发达、固土能力强的小乔木或灌木树种。如常绿的爬地柏、大叶黄杨和小龙柏等。典型实例见图8-4。

景观名称：坡面立体绿化景观（1）

技术要点：绿化植物以紫薇、大叶黄杨和蔷薇为主，采用台阶式坡面立体绿化形式，丰富景观的空间层次和立体效果。

景观名称：坡面立体绿化景观（2）

技术要点：绿化植物以藤本月季、非洲菊、大叶黄杨为主，采用台阶式坡面立体绿化形式，丰富景观的空间层次和立体效果。

景观名称：坡面立体绿化景观（3）

技术要点：绿化植物以五角枫、凌霄为主，采用台阶式坡面立体绿化形式，丰富景观的空间层次和立体效果。

景观名称：坡面立体绿化景观（4）

技术要点：绿化植物以小龙柏、紫叶小檗、大叶黄杨为主，采用台阶与斜坡结合立体绿化形式，丰富景观的空间层次和立体效果。

景观名称：坡面立体绿化景观（5）

技术要点：绿化植物以连翘为主，采用原石阶梯式坡面立体绿化配置，丰富景观的空间层次和立体效果。

景观名称：坡面立体绿化景观（6）

技术要点：绿化植物以爬山虎、蔷薇为主，采用台阶式坡面立体绿化，丰富景观的空间层次和立体效果。

图 8-4 坡面立体绿化景观

参考文献

[1] 许景伟等. 村镇景观防护林. 济南：山东科学技术出版社，2020.

[2] 刘黎明，杨琳，李振鹏. 中国乡村城市化过程中的景观生态学问题与对策研究［J］. 生态环境，2006，（1）：202-206.

[3] 吴春燕，秦华. 城郊型森林公园森林景观规划探讨［J］. 现代农业科技，2010，（3）：244-245.

[4] 张晓红，黄清麟，张超. 森林景观恢复研究综述［J］. 世界林业研究. 2007，20（1）：22-28.

[5] 韦新良，周国模，余树全. 森林景观分类系统初探［J］. 中南林业调查规划，1997，16（3）：41-44.

[6] 张远杰，高碧文，刘艳. 森林景观及其评价［J］. 森林工程，2000，16（3）：17-19.

[7] 陈鑫峰，沈国舫. 森林游憩的几个重要概念辨析［J］. 世界林业研究，2000，13（1）：69-76.

[8] 刘黎明，李振鹏，张虹波. 试论我国乡村景观的特点及乡村景观规划的目标和内容［J］. 生态环境，2004（3）：445-448.

[9] 陈鑫峰，贾黎明. 京西山区森林林内景观评价研究［J］. 林业科学，2003，（4）：59-66.

[10] 韩轶，李吉跃，郭连生，等. 居住小区生态型绿地模式的研究［J］. 北京林业大学学报，2002（4）：102-106.

[11] 贾献宏. 新型城镇化社区景观绿化浅析［J］. 河南林业科技，2014，34（2）：50-51.

[12] 蒋霞. 我国城镇化发展的历程及变革探索. 产业与科技论坛［J］，2014，13（24）：9-15.

[13] 刘滨谊,王云才.论中国乡村景观评价的理论基础与指标体系[J].中国园林,2002,18(5):76-79.

[14] 闫艳平,吴斌,张宇清,等.乡村景观研究现状及发展趋势[J].防护林科技,2008,18(3):105-108.

[15] 刘文娟.丘陵地区城乡一体化背景下的村镇绿地分类标准探究[D].长沙:湖南大学,2013.

[16] 路姗姗,许景伟,李传荣,等.农村庭院绿化模式的环境效应及其综合评价研究[J].中国农学通报,2009,25(9):78-82.

[17] 祁力言,李冬林,马东跃,等.无锡新农村庭院绿化模式及结构布局研究[J].江苏林业科技,2008,35(1):21-24.

[18] 邱尔发,董建文,许飞,等.乡村人居林[M].北京:中国林业出版社,2013.

[19] 裘晓雯.乡村森林文化的主要形态与功能[J].北京林业大学学报(社会科学版),2013,12(1):28-33.

[20] 林箐.乡村景观的价值与可持续发展途径[J].风景园林,2016(8):27-37.

[21] 郄光发,王成,彭镇华.森林生物挥发性有机物释放速率研究进展[J].应用生态学报,2005,16(6):1151-1155.

[22] 王超,翟明普,金莹杉,等.森林景观质量评价研究现状及趋势[J].世界林业研究,2006,19(6):18-22.

[23] 王成,唐赛男,孙睿霖,等.论乡愁生态景观概念、内涵及其特征[J].中国城市林业,2015,13(3):63-67.

[24] 王晓磊,许景伟,胡丁猛,等.山东省乡村人居林的类型及其模式划分[J].中国农学通报,2010,26(16):103-108.

[25] 王宗侠,段渊古.北方地区村镇绿化存在的问题评析及建议[J].西北林学院学报,2000,15(2):57-60.

[26] 张云路.基于绿色基础设施理论的平原村镇绿地系统规划研究[D].北京:北京林业大学,2013.

[27] 郑向群,陈明.我国美丽乡村建设的理论框架与模式设计[J].农业资源与环境学报,2015,32(2):106-115.

［28］朱雯.镇村一体化绿地系统规划初探［D］.重庆：西南大学，2009.

［29］唐启和，房慧旺，刘庆华.关于山东省小城镇园林景观建设的探讨［J］.现代园林，2009，（8）：93-95.

［30］吴南生，翟明普，杜天真，等.北京市风景游憩林主要建设类型及其植物配置模式研究［J］.生态经济，2005，（4）：62-65.